基于PIV技术
土体抗拉强度的
实验研究及其理论修正

张俊然　著

中国水利水电出版社
www.waterpub.com.cn
·北京·

图书在版编目（CIP）数据

基于PIV技术土体抗拉强度的实验研究及其理论修正 / 张俊然著. -- 北京 ：中国水利水电出版社，2023.8
ISBN 978-7-5226-1797-8

Ⅰ．①基… Ⅱ．①张… Ⅲ．①土体－抗拉强度－研究 Ⅳ．①TU432

中国国家版本馆CIP数据核字(2023)第179120号

书　　　名	**基于 PIV 技术土体抗拉强度的实验研究及其理论修正** JIYU PIV JISHU TUTI KANGLA QIANGDU DE SHIYAN YANJIU JI QI LILUN XIUZHENG
作　　　者	张俊然　著
出 版 发 行	中国水利水电出版社 （北京市海淀区玉渊潭南路 1 号 D 座　100038） 网址：www.waterpub.com.cn E-mail：sales@mwr.gov.cn 电话：(010) 68545888（营销中心）
经　　　售	北京科水图书销售有限公司 电话：(010) 68545874、63202643 全国各地新华书店和相关出版物销售网点
排　　　版	中国水利水电出版社微机排版中心
印　　　刷	天津嘉恒印务有限公司
规　　　格	170mm×240mm　16 开本　9.25 印张　181 千字
版　　　次	2023 年 8 月第 1 版　2023 年 8 月第 1 次印刷
定　　　价	**88.00 元**

凡购买我社图书，如有缺页、倒页、脱页的，本社营销中心负责调换
版权所有·侵权必究

地球表面岩上绝大部分处于非饱和状态。除天然的非饱和上外，农业生产（如耕作和灌溉）和建设工程（如压实、开挖土石方工程）均要涉及非饱和土。在我国大面积分布的膨胀土、湿陷性黄土等这些特殊土也均属于非饱和土，因此非饱和土在实践中相当普遍。气候环境或地下水位线等发生变化，会使处于地下水位线以上地表土的非饱和化程度在较广吸力范围内发生变动，从而产生裂隙。通常土体的裂隙开展与土体的抗拉强度存在密切的关系，抗拉强度指标是评价土体裂隙开展的一个重要参数。

随着社会经济的发展，大规模的工程建设进一步推进，不同地区的土体类别存在差异，施工难度逐渐加大。在岩土工程中，土体的抗拉强度因其数值较小并难以准确测量常常被忽略，导致工程建设中的张拉破坏问题越来越突出。工程建设的安全问题越发引起人们的关注和重视，因此抗拉强度成为工程建设中不可或缺的重要因素。越来越多的研究人员发现，土质边坡的破坏与土体的抗拉强度有关，诸如滑坡、地裂缝、土石坝开裂、边坡剥落等地质灾害及工程事故的发生都与其抗拉强度较小有关。土体抗拉强度较小这一特性在很多地质灾害及工程事故的形成与发展过程中起着至关重要的作用，例如：①在重力侵蚀破坏发生前，滑坡体后方产生的拉裂隙及黄土边坡滑动等；②在近地面处及土体内部出现开裂现象，此时土体会处于拉伸状态，由拉伸作用导致开裂；③根据有效应力原理，由水力劈裂作用造成的拉裂缝，在孔隙水压力升高到一定程度时，土骨架中会出现拉应力，当产生的拉应变超过土体极限拉伸应变时，土体就会出现开裂现象；④由上埋式管道引起的土体拉伸、填方土体施工不当引起的拉伸和黏性土土拱效应引起的拉伸现象等。这些工程事故都与土的抗拉强度特征密切相关，因此研究特殊土与非饱和土的抗拉强度及拉张裂隙发育过程对相关的工程建设以及预防地质灾害具有重要意义。

本书基于PIV技术对非饱和黄土、粉土、膨胀土、膨润土进行了一系列劈裂试验，获得抗拉强度以及拉张裂隙的发育规律。同时开展压汞试验、扫描电镜试验探讨土体微观结构对其宏观力学的影响及其内在机理。联合使用WP4C仪、滤纸法、压力板法探讨膨胀土、膨润土的抗拉强度与吸力的关系，同时提出了预测非饱和土抗拉强度的计算模型。研究成果可为相关的工程建设以及预防地质灾害提供科学试验依据和参数。取得的主要研究结果具体如下：

（1）用PIV测试系统对黄土原状样和重塑样进行了一系列劈裂试验，同时用压汞仪对黄土原状样和重塑样进行了微观结构定量对比分析，探讨结构性、初始干密度对抗拉强度的影响。试验结果表明：当试样劈裂破坏时，原状样峰值荷载比重塑样的大，重塑样的峰值荷载随着初始干密度的增加而增加。由位移矢量场可知：原状样劈裂破坏时主裂隙倾斜，次生裂隙不发育；重塑样劈裂破坏时主裂隙呈径向垂直，次生裂隙较发育；不同初始干密度重塑样的裂隙发育形态基本一致。当初始干密度相等时，原状样的累计汞压入量曲线和孔径分布密度曲线均高于重塑样的，原状样的集聚体间孔隙比重塑样的多，但由于原状样具有明显的结构性，因而原状样的抗拉强度比重塑样的高。随着初始干密度增加，重塑样的累计汞压入量曲线向下移动，孔径分布密度曲线峰值向左移动，集聚体间孔隙逐渐减小甚至消失，导致抗拉强度随着初始干密度增大而增加。

（2）粉土试样在第一次峰值前后仅发生压缩变形，峰值过后出现微裂缝，波谷前后随着裂缝的持续扩张，横向位移和竖向位移均显著增加，在第二次峰值前后，因位移过大，矢量场出现空白区域。粉土的黏聚力和抗拉强度均随着干密度的增加而增大，两者基本呈线性关系。随着试样干密度的增加，土颗粒间距离减小，相互作用增强，宏观表现为土体强度增加。

（3）基于粒子图像测速技术对具有不同干密度的非饱和膨胀土进行了一系列的径向劈裂试验研究，研究时含水率分别为10%、12%、

14%、16%、18%、20%和22%，初始干密度分别为1.35g/cm³、1.50g/cm³和1.65g/cm³。采用滤纸法测定了具有不同初始干密度的压实膨胀土的土-水特征曲线。试验结果表明：拉伸过程中的峰值荷载随含水率的增加先增大后减小，峰值荷载与含水率的关系曲线上存在临界含水率；对于初始干密度分别为1.35g/cm³、1.50g/cm³和1.65g/cm³的膨胀土，其临界含水率分别约为17.9%、14.1%和13%。根据绘制的峰值荷载-位移曲线，可将径向劈裂试验过程分为应力接触调整阶段（Ⅰ）、应力近似线性增加阶段（Ⅱ）、拉伸破坏阶段（Ⅲ）和残余阶段（Ⅳ）。在相同含水率控制条件下，位移矢量场的主方向与主要裂隙之间的夹角随干密度的增加而减小，特别是当刚出现裂隙时夹角最大。采用粒子图像测速技术，记录试验过程中的位移和应变，以更好地研究土体破坏机理。

（4）初始干密度相同的膨润土其脱湿曲线与吸湿曲线具有明显的滞回现象。经Fredlund-Xing模型拟合分析获得土-水特征曲线相关参数，通过建立模型参数与初始干密度之间的关系，给出了预测膨润土的土-水特征曲线公式。同一初始干密度的压实膨润土试样的直接拉伸强度以及劈裂强度均随着含水率先增大后减小，在临界含水率处的抗拉强度达到最大值。相同初始干密度、含水率的压实膨润土试样劈裂强度大于直接拉伸强度，原因在于土体在进行劈裂试验时都会在加载点发生明显变形，与加载压板的接触面积会增大。初始干密度相同的土样随着吸力的增加，颗粒间的接触方式由点-面接触转变为面-面接触，颗粒的排列方式由架空状态转变为镶嵌状态，集聚体间吸附作用越来越显著，从而表现为劈裂强度越来越高。

（5）采用Frydman提出的修正系数g和PIV技术获取劈裂破坏时土体的变形参数对劈裂强度进行修正，修正强度值与直接拉伸强度值存在明显差异，而修正系数采用$2g$时，修正效果较好。另外在经典巴西劈裂公式基础上引入一个简化修正系数K，同时结合PIV劈裂试验结果也可以快速、准确地获得压实膨润土的直接拉伸强度。根据预测的土-水特征曲线公式，结合Varsei预测抗拉强度的公式，引入一个无量纲参数α，通过建立α与初始干密度的线性函数，即可预测不同初始干密度压实膨润土的抗拉强度。

　　本书是在孙德安教授和姜彤教授的悉心指导下完成的，在此谨向孙老师和姜老师致以崇高的敬意和由衷的感谢！对本人指导过的研究生王俪锦、赵金玓、翟天雅等提供的帮助，在此也表示感谢！本书现已得到国家自然科学基金青年项目"吸力控制干湿循环作用下非饱和膨胀土的表面裂隙和微观结构形态演化规律及其定量描述"（No.41602295）、河南省高等学校青年骨干教师培养计划项目（No.2020GGJS－094）、河南省研究生教育改革与质量提升工程项目（No.YJS2023AL004）、河南省高等学校重点科研项目（No.21A410002）和国家留学基金的资助。

作者

2023 年 5 月

目录

第 **1** 章

绪　　论

1.1　研究背景

十九大报告中提出，将能源建设作为生态文明建设的重要内容，采用清洁、低碳、安全、高效的现代化能源，着力打造具有现代化特征的能源体系。近年来，核能因其"低碳高效"的特点，促进能源结构优化调整，从而推动我国生态文明建设。

核能在能源供应上能够发挥巨大的作用，主要在于采用极少的燃料，就可以产生大量的能量。核能的使用不可避免的会产生废料，核废物主要分为中低阶放射性核废物（中低放废物）和高阶放射性核废物（高放废物）两种。随着我国经济飞速发展，核电站数量激增，高放废物的累计数量也在与日俱增。如何安全处置这种放射性强、危害性大、发热量高的高放废物成为核能应用的重大难题。

针对这一重大课题，世界各国给出了解决方案，如将高放废物处置在海洋、冰川、太空或者深层地层，目的在于将高放废物与生物圈隔绝，不让其放射性物质迁移到生物圈，产生危害。目前，深受各国肯定的处置方案为深层地质处置方案，即将高放废物深埋于距地表约 500～1000m 的地质体中。深地质处置库分为以泥岩为缓冲材料和围岩的单屏障处置库和包含缓冲层、混凝土衬砌、坚硬围岩的多屏障处置库。

多屏障处置库概念图如图 1-1 所示。多屏障处置库中缓冲层是最重要的人工屏障。缓冲层直接与废物罐接触，需要起到工程屏障作用、化学屏障作用和导体作用。因此缓冲材料需要具有良好的密封性、膨胀性、导热性和化学稳定性。

我国高放废物深地质处置库中的缓冲材料选用了具有良好吸附性、膨胀特性以及极低渗透特性的膨润土。

一般情况下，预制工厂将膨润土粉末统一加工成一定干密度、含水率的压实膨润土砌块，再将其运往处置库工程现场安装作为缓冲层。以膨润土为缓冲

1

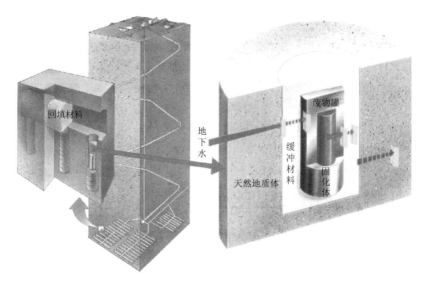

图 1-1　多屏障处置库概念图

材料的多屏障处置库模型如图 1-2 所示。

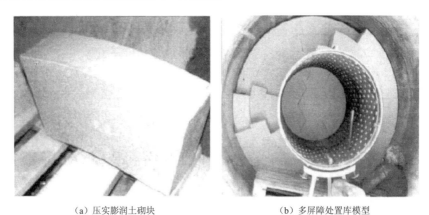

（a）压实膨润土砌块　　　　　　（b）多屏障处置库模型

图 1-2　以膨润土为缓冲材料的多屏障处置库模型

　　预制压实膨润土砌块因沉重庞大，人工搬运困难，因此在搬运至现场或现场安装时，一般需要绑扎后机械起吊。在这一过程中压实膨润土砌块的某些部位可能会受到拉应力的作用产生拉张裂隙，压实膨润土砌块绑扎起吊示意如图 1-3 所示。高放废物或渗漏液会通过拉张裂隙迁移至地下水及周边地质环境中，进而对生态环境产生威胁。

　　在贮存、搬运以及安装过程中，预制压实膨润土砌块的湿度会受到季节和天气的影响，从而发生变化。土体的强度特性、渗透性和整体稳定性受其饱和状态的影响显著。吸力是区分土体饱和状态和非饱和状态的重要因素。综上所述，研究压实膨润土的持水特性、抗拉强度及拉张裂隙发育过程对防治相关地质灾害具有重要意义。

图 1-3　压实膨润土砌块绑扎起吊示意图

地球表面岩土绝大部分处于非饱和状态。除天然的非饱和土外，农业生产（如耕作和灌溉）和建设工程（如压实、开挖土石方工程）均要涉及非饱和土。在我国大面积分布的膨胀土、湿陷性黄土等这些特殊土也均属于非饱和土，因此非饱和土在实践中相当普遍。任意一种土均可以转变为非饱和土，非饱和土是土的一种状态，而不是新的一种土。非饱和土是一种三相介质，土颗粒形成的骨架之间的孔隙中充填着水和空气，三相比例不同，土体的工程性质差别甚大，这种特性使非饱和土的水力、力学性能比饱和土更容易受到外界环境影响。例如，地下水位的变化、降雨和蒸发作用等因素，其中：蒸发、干旱作用等会使土体从饱和状态变成非饱和状态；降雨会使土体从非饱和状态变成饱和状态。随着状态的改变，土的强度、变形和渗流特性都会发生显著的变化，因此非饱和土水力-力学特性比饱和土复杂。在重要基础设施，如建筑地基、水坝、公路、斜坡、隧道和废物防护设施建设时很难准确地进行分析和设计，往往造成严重工程事故和地质灾害。例如：湿陷性黄土雨后的过量沉降；蒸发引起膨胀土的收缩导致建筑物、路桥等基础产生开裂；降雨后沟渠边坡失稳破坏；隧道在开挖时遇水后的塌陷等。因此对非饱和土的研究，具有重要的实际工程价值。

随着社会经济的发展，大规模的工程建设进一步推进，不同地区的土体类别存在差异，施工难度逐渐加大。在岩土工程中，土体的抗拉强度因其数值较小并难以准确测量常常被忽略，导致工程建设中的张拉破坏问题越来越突出。工程建设的安全问题日益引起人们的关注和重视，因此抗拉强度成为工程建设中一项不可或缺的重要因素。越来越多的研究人员发现，土质边坡的破坏与土体的抗拉强度有关，诸如滑坡、地裂缝、土石坝开裂、边坡剥落等地质灾害及工程事故的发生都与其抗拉强度较小有关。土体抗拉强度较小这一特性在很多地质灾害及工程事故的形成与发展过程中起着至关重要的作用，例如：①在重力侵蚀破坏发生前，滑坡体后方产生的拉裂隙及黄土边坡滑动等；②在近地面处及土体内部出现开裂现象，此时土体会处于拉伸状态，由拉伸作用导致开裂；③根据有效应力原理，由水力劈裂作用造成的拉裂缝，在孔隙水压力升高到一定程度时，土骨架中会出现拉应力，当产生的拉应变超过土体极限拉伸应变时，

3

土体就会出现开裂现象；④由上埋式管道引起的土体拉伸、填方土体施工不当引起的拉伸和黏性土土拱效应引起的拉伸现象等。这些工程事故都与土的抗拉强度特征密切相关，因此研究特殊土与非饱和土的抗拉强度及拉张裂隙发育过程对相关的工程建设以及预防地质灾害具有重要意义。

1.2 研究现状

1.2.1 粒子图像测速技术的原理及应用

在岩土工程领域可视化模型试验研究中，粒子图像测速（Particle Image Velocimetry，PIV）技术得到了有效的应用。PIV 是在 20 世纪 90 年代末发展起来的一种流体变形测量方法，是一种非接触式瞬时全流场测量技术，最早应用于流体力学领域。PIV 技术通过在流体加入示踪粒子，采用前后两时刻流场瞬时图像并基于自相关函数算法获取示踪粒子在前后两张照片位置，得出位移矢量，通过重复该处理过程，获得最终的颗粒总位移。PIV 技术的特点是突破了单点测速技术的局限性，能够在同一时刻记录全场的速度分布，提供丰富的流场空间结构以及流动特性信息。在流场测量过程中，通过向待测流场中布撒示踪粒子，由激光光源照亮待测流场区域，同时使用图像采集系统对待测流场区域进行图像采集，将得到的粒子图像进行处理来得到流场的速度分布。在整个测量过程中 PIV 系统均不接触流场，不会对流场产生干扰。White 等以 PIV 技术为框架并结合近场摄影测量学提出了一种用于岩土工程领域的土颗粒位移测量方法（Geo-PIV）。砂颗粒表面的自然纹理特征以及相邻颗粒之间形成的光影在低速流场中极易被识别和捕捉的特点，使其可直接作为天然的示踪粒子，并可添加至细粒材料（如黏土）中用于位移和变形测量。由于该方法具有全流场非接触式、瞬时、多点位移测量等技术优势，已被广泛应用于结构物—土相互作用的岩土工程试验研究，如浅埋隧道、桩基、基础、挡土墙、锚定板及管道破坏分析。

Geo-PIV 分析过程的图像处理如图 1-4 所示。在连续拍摄的相邻两张照片中，第一张照片的分析区域被离散成一系列的矩形斑点，每个斑点被看作是尺寸为 $Z \times Z$ 的图像矩阵，其内部涵盖多个砂颗粒并包含各种色彩信息，其中斑点 1 在第一张照片中的位置 (u_1, v_1) 则通过独一无二的灰度值空间分布被识别。为了确定该斑点在图中的位置，首先从图中提取出 1 个搜寻目标斑点，该搜寻目标斑点范围逐渐在水平方向（u）和竖直方向（v）扩展，同时评估斑点 1 和目标斑点的相关性，当两者的相关度达到最大时则代表斑点 1 在图中的位置 (u_2, v_2)，两者位移差即为 t_1 至 t_2 时刻该斑点位移量，通过在其他斑点重复该过程以获得整个分析区域的颗粒相对位移。同样的，通过在第 2、3、4、5

等一系列照片中对比分析可得出任意相邻两张照片的颗粒位移量（瞬时位移）和颗粒总位移（相对于第一张照片累积位移）。

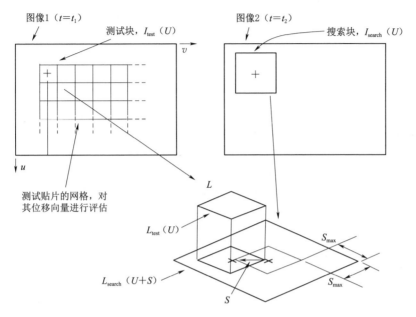

图 1-4　Geo-PIV 分析过程的图像处理

　　PIV 计算结果的精度和准确性除与颗粒表面纹理有关外，还主要取决于斑点尺寸大小。White 等给出了测量随机误差的计算方法，即

$$\rho_{pixel} = \frac{0.6}{L} + \frac{150000}{L^8} \qquad (1-1)$$

式中：ρ_{pixel} 为计算误差；L 为像素大小。

　　由式（1-1）可知，斑点尺寸越大，计算误差越小，但同样也会减少划分斑点的数量。因此在划分斑点尺寸时，应综合考虑观测区域尺寸和照片像素大小。

　　PIV 计算得出的照片中像素位移数据需要通过相机标定转变成实际的位移数据，其基本转换模型为针孔相机模型中的线性缩放。PIV 系统测试前需要进行标定，以确保实验数据的准确可靠。标定主要包括：调整相机位置和光圈数，调整激光脉冲强度和激光投射平面厚度，选取试验观测区域并进行标度；通过测试试验，调整激光脉冲间隔、频率、相机采集频率和同步器工作频率等。为实现相机标定与实际的位移数据转换，需要在观测窗上布置一系列静止参考点。为保证测量精度和准确性，参考点数量不应少于 15 个。此外，由于参考点覆盖区域无法观测到砂颗粒，在整个加载过程中视为静止状态，因此参考点布设位置应避免覆盖重点观测和分析区域（如结构物周边、破裂面等）。

在 PIV 测量中有两个关键因素：一是良好的照明光源；二是示踪粒子。不同测量条件对示踪粒子的要求存在差异，主要从粒子的流动跟随性、粒子的成像可见性、粒子散布均匀度和浓度要求三个方面考虑。PIV 系统示踪粒子的性能十分重要，选择粒径较大的示踪粒子，可以提高散射光强，有助于获取质量较高的粒子图像，但是增大粒径会影响粒子在流场中的跟随性。由于在测量系统中存在大量的示踪粒子，单个粒子的散射场会受到其他粒子散射场的影响，故增大示踪粒子的浓度也可以增大散射光强。成像畸变会影响采集图像的真实性与准确性。激光器通过同步器与相机配合，其频率随着采集图像方法的不同，会有所不同，而激光光源的能量和厚度会影响成像图片的品质及噪声的大小。同步器控制的激光脉冲时差在拍摄过程和数据处理过程中起着至关重要的作用，它可以直接影响 PIV 拍摄的图片质量以及所拍摄区域速度值的真实性。激光脉冲时差设置的太大或太小，所拍摄的粒子图像质量均较差；激光脉冲时差与所拍摄区域的最大流速有关，当所拍摄区域最大速度增大时，应当将激光脉冲时差设置较小，反之，应当将脉冲时差设置较大。背景噪声会导致采集图像的质量下降，不能正确的反映真实的流场信息，背景噪声可以通过一定的技术和方法进行减弱和降低，从而提高 PIV 的测量精度。互相关算法作为一种经典的流场预测算法，在低速流场和高速流场中都有着较好的表现；光流算法具有空间分辨率和速度场平滑性的优点。在像素尺度条件下，光流算法比互相关算法获得更平滑的速度场，更适合复杂流场的速度场测量。在 PIV 测量中，需要根据被测流场信息去选择合适的图像处理算法。

PIV 试验系统包含照片采集系统和加载系统。照片采集系统包括高速工业相机、光源及 Davis8.0 系列软件，拍摄中相机与三脚架、聚光灯配合使用，同时因为拍摄图像的亮度对后期图像处理和分析影响较大，为排除日照光强变化对光学拍摄试验的影响，使用遮光布作拍摄背景挡光，反光板前置补光，保证所拍摄图像亮度稳定。由美国迈斯特公司生产的 CMT4000 型电子万能试验机是此次试验中的加载系统，包括了加载设备和数据采集系统，其中：数据采集系统是整个试验平台的中枢，负责采集试验中得到的数据，并将其汇总到工作站上；根据试验需求设置参数，万能试验机可自动进行等速加载。由于 LVDT 变形传感器和加载设备同时采集信息，可认为试样变形与加载设备施加的荷载协同进行。

近些年来，由于 PIV 技术的先进性，许多学者将其广泛应用于非饱和土的抗拉强度研究。黄维等通过 PIV 技术、扫描电镜试验、核磁共振技术，采用宏观与微观相结合的研究方法研究了新疆伊犁谷地黄土重塑样拉张裂缝的发育规律及其形成机理。黄伟等自行研制了基于 PIV 技术的直接拉伸装置，用以探讨离子固化剂对黏土黏聚力的影响，研究结果表明离子固化剂浓度越高，抗拉强度越低。刘振亚利用 PIV 技术的先进性，研究了土体冻结过程中的实时变形形态。采用 PIV 技术以及数字图像处理（Digital Image Correlation，DIC）技术，Li 等对干密度为 $1.7g/cm^3$，含水率分别为 6.5%、8.5%、10.5%、12.5%、16.5% 和 20.5% 的重塑黏土进行直接拉伸试验，研究表明抗拉强度与含水率曲线呈现单峰形态，即含水率小于临界含水率时，抗拉强度随着含水率的增大而增大，在临界含水率时达到拉应力峰值，含水率大于临界含水率时抗拉强度随含水率增大而减小。基于 PIV 技术，张俊然等对不同吸力的压实膨润土进行巴西劈裂试验，研究结果表明劈裂强度随着吸力的增加而增加。

1.2.2 抗拉强度的测量方法

土体的抗拉特性研究以室内试验测试为主，测定抗拉强度的方法种类多样，主要为间接测定法和直接测定法。与土体的抗剪特性及其理论的研究相比，土体抗拉特性研究无论在试验方法还是理论方面都远远落后，至今为止，并没有业界普遍认同并统一规范的土体抗拉特性的试验器材，也没有适用性较强的抗拉强度理论。然而，近年来，随着不少学者开始重视土体的抗拉特性的研究，越来越多的新型测试仪器和测试方法被提出，这些都极大地促进了土体在抗拉特性方面的研究。

间接测定法采用劈裂、弯折等简单方式进行试验，在一定的理论假设基础上快速地对试样进行测量，最后利用相应的理论公式计算得到抗拉强度。间接测定法包括径向劈裂试验、弯曲梁试验和环状试样法等。间接测定法基于一定的假定条件，因此计算出的拉伸强度值与实际值仍然会有一定的差距并且易受多方因素影响，例如样品尺寸、加载条件等。通过开展单轴压缩试验和巴西劈裂试验，胡峰等研究了冰石混合物、冻土和冻土石混合体在不同冻结温度下的强度特性和变形特征，同时利用显微成像技术观察试样内部的冰石、土石、冰土界面形态和裂隙发展特征。赵晓婉等制作了微生物诱导碳酸钙沉积技术（Microbial Induced Carbonate Precipitation，MICP）固化砂柱试样和水泥固化砂柱试样，并对试样进行劈裂试验对比其劈裂抗拉强度，从而验证了微生物诱导碳酸钙沉积技术对固化土体的力学特性影响显著。Malekzadeh M 等在膨胀土中掺入不同含量的聚丙烯纤维制成加筋试样，并对加筋试样和未加筋试样进行劈裂试验，探讨聚丙烯纤维对膨胀土力学性能的影响。通过劈裂试验，Festugato L 等建立了一种基于抗拉强度和抗压强度的人工胶结纤维增强土掺量计算方法。Tasri A 分析了混凝土抗拉强度与抗压强度的相关性。

直接测定法是通过测定施加在土样两端的拉应力峰值从而得到抗拉强度。

直接测定法主要包括单轴拉伸试验、三轴拉伸试验等。直接测定法相较于间接测定法，其原理简单明晰，结果更加真实可靠，但该方法对试验器具要求较高，急需解决的核心问题是如何使轴向拉力有效传递给试样。Tang 等利用黏合剂将圆柱体试样黏合在圆筒形模具中，静置至黏合剂强度符合要求，利用拉力机进行直接拉伸试验。Towner 研制了一套哑铃形制样模具和拉伸模具，制好的哑铃形试样在拉伸模具中开展直接拉伸试验。Ziegler 等研制了一种类 8 字形拉伸模具，利用模具夹持试样测试了纤维加筋土的抗拉强度。Kim 等利用 8 字形拉伸模具研究了水分、毛细管作用力对砂土抗拉强度特性的影响。Trabelsi 等采用模具加持的方法，设计了一款延长的楔形模具，起到了改善拉应力分布的作用。虽然很多学者采用模具夹持实现拉应力传递，但仍存在明显的应力集中现象。为此，在有效应变控制的基础上，Nahlawi 等在模具内部设计了锚固构件以减小应力集中的现象。吕海波等利用相似的土体拉伸仪器，研究了胀缩性土的抗拉强度影响因素及其变化规律。调整螺栓上下夹具对试样的夹持力，控制模具内壁与制样的摩擦力高于试样的抗拉强度。朱俊高等利用摩擦力传递的原理开展直接拉伸试验。黏土中含有较多的黏土颗粒，颗粒间存在较强的物理化学作用力；砂土颗粒间作用力较小，松散不利于成型，因此黏土的抗拉强度较砂土更高。对砂土开展直接拉伸试验需要更加巧妙的方式，Lu 等创新性地设计了一套砂土抗拉强度试验方法，重点在于通过调控试验台的倾斜角度，使得试样沿台面的重力分量大于摩擦力，从而产生张拉破坏。通过简单的物理知识计算破坏时产生的拉应力大小即为抗拉强度。Tang 等对不同含量的聚丙烯纤维改良土进行了直接拉伸试验，试验结果表明纤维对于土体的抗拉张性能有着积极影响。纤维的加入使土体由脆性破坏转变为延性破坏，纤维含量越高，土体的抗拉强度越大。

众所周知，自然界土体除去淤泥及饱和软黏土外大多为非饱和土，因此非饱和土抗拉张特性的理论研究应被置于重要的地位。非饱和土的抗拉强度主要来源于颗粒间的黏结和分子引力形成的黏聚力、胶结物质形成的胶结力和表面张力形成颗粒间的吸附力等 3 种作用力。宏观上，一些学者经常将摩尔-库仑强度包线与负半轴的交点作为土体的抗拉强度，但由于这种方法抗拉强度在负半轴上的非线性变化，使得非饱和土的抗拉强度被严重高估。实际上，非饱和土抗拉张力与颗粒间的吸力以及胶结强度呈正相关。多种抗拉张力学行为的研究表明，非饱和土抗拉强度的重要组成部分之一为由吸力引起的粒间吸附作用。由于非饱和土中吸力的存在，非饱和土的力学性质与饱和土的力学性质相比要复杂得多。诸多学者从非饱和土颗粒间的吸力影响着颗粒间的联结强度进而引起抗拉强度变化这一角度对非饱和土进行研究并得到了一些有价值的成果。非饱和土可划分为 4 种状态，不同状态下颗粒间有效应力具有不同的表达式，四种状态分别为部分钟摆状态、完全钟摆状态、索带状态和饱和状态。Lu 等给出了非饱和土 3 种不同的水气状态下其对应的抗拉强度与饱和度的关系，发现其变化趋势与所处水气状态密切相关，并且其抗拉强度与饱和度不是完全线性相关的关系。

从不同的试验设备及方法、土的种类、影响抗拉强度力学的各种参数及其抗拉力学特性研究，通过多种测试土抗拉强度的方法，得到了不同土的抗拉强度变化规律，但是并没有总结出一个普适性的研究土的抗拉强度的准则。根据之前学者的大量研究表明，含水量和干密度是影响土抗拉强度最大的两个因素，因此，建立含水量及干密度与抗拉强度之间的函数关系对于研究抗拉强度具有重要的理论意义。

1.2.3 黄土的工程性质及研究现状

黄土因其独特的物质来源、生成环境以及地质营力而与其他土体表现出明显特殊性，如结构特性、湿陷特性、震陷性以及非饱和特性。黄土在全世界分布相当广泛，主要分布在南北半球中纬度地区，总面积约 1300 万 km^2，占全球陆地面积的 9.3%，我国黄土面积约 64 万 km^2，占国土面积 6.4%，主要分布在我国西北、华北、东北松辽地区以及内蒙古、新疆地区等比较干燥的中纬度地带。随着黄土分布地区大规模工程建设，黄土的工程性质逐渐成为研究热点。在黄土结构特性方面，高国瑞、王慧妮、谷天峰等利用偏光显微镜扫描电镜、CT 扫描等技术，从微观角度探究了黄土的微结构、孔隙特征，对黄土的颗粒形态、排列状况、连接形式等进行了系统分类，通过图像处理技术，对黄土结构参数进行了定量化分析。在黄土湿陷特性方面，雷祥义、王永焱、胡瑞林等认为具有架空体系的黄土在外荷载与水的共同作用下，导致连结强度的降低，连结点破坏，架空强度丧失，进而发生湿陷，黄土的骨架结构、排列特征、连接方式、胶结类型、孔隙大小等对黄土湿陷特性有着重要影响，探究了结构和压力对湿陷特性的影响，在此基础上建立了黄土的宏观湿陷特性与微观结构的联系，为湿陷性黄土的处理提供了新的思路。在黄土动力学特性方面，王兰民、田堪良、骆亚生等基于动扭剪、动三轴试验，研究了黄土震陷、饱和黄土液化等问题，在黄土的动强度、动变形、动应力-动应变本构模型方面，分析了黄土动力学参数与含水率、微观结构、黄土物性参量、动荷载类型的关系，建立了黄土动本构模型，为黄土地区抗震稳定性分析提供了科学参考。在黄土非饱和特性方面，党进谦等通过黄土土-水特征曲线，建立了基质吸力与黄土强度参数的关系，提出了非饱和黄土的本构模型。陈正汉引入非饱和土理论，通过三轴试验，探究了不同含水率下非饱和黄土变形特性、强度特性、屈服特性，提出了一种确定非饱和黄土三轴剪切条件下屈服应力的新方法。王铁行等探究了温度和密度对非饱和黄土基质吸力的影响，并建立了考虑温度、密度的土-水特征曲线方程。

国内外学者从 19 世纪开始,对黄土的成因、黄土与第四纪古气候及古环境联系开展了大量研究,取得丰硕成果,将黄土打造成一把研究第四纪古气候、古环境的标尺。20 世纪中期,随着黄土分布地区进行大规模工程建设,国内学者从宏观到微观,探究了黄土的结构特性、湿陷特性、动力学特性、非饱和特性。在黄土工程性质中,抗拉强度特性往往被忽略,研究相对较少,通常滑坡后缘为拉张环境,存在拉张裂缝,不利于滑坡稳定,黄土抗拉强度、拉张裂缝的形成过程研究相对薄弱。

1.2.4　粉土的工程性质及研究现状

粉土是介于砂土和黏土之间的一种土,其塑性指数 I_p 小于等于 10,且粒径大于 0.075mm 的颗粒含量不超过总质量的 50%。根据粗粒组的含量和液限点的高低,又把粉土分为高(低)液限粉土和含砂(砾)高(低)液限粉土;即:土中粗粒组的含量少于总质量的 25% 时,粗粒零星散布,对土的性质影响不大,故称粉土,土中粗粒组的含量为总质量的 25%~50% 时,粗粒已能起到部分骨架作用,对土的性状也有相当的影响,因此称为含砂(砾)粉土。

由于成因类型不同,粉土所表现的工程性质相差很大。按成因类型粉土分为风成粉土、残积粉土和水成粉土。风成粉土是由于风力的携带、沉积作用,形成的含有较大孔隙的土,习惯上称其为黄土。残积粉土是岩石经过风化作用一部分被风和降水搬运带走,一部分由于重力堆积作用未被搬运而保留在原地的粉土,其物理性质、工程性质与黄土相似,称为次生黄土。黄土、次生黄土中粉粒占优,砂粒和黏粒含量较少,多表现为粉土、粉质黏土、含砂粉质黏土。水成粉土土粒是在水力作用下,经搬运、沉积而形成的,广泛分布于冲洪积平原、河流三角洲、沿海平原、湖积平原,土中水多为自由水,极易震动液化,地基承载力低,是工程建设经常遇到的土类之一,此类粉土经长途搬运磨圆,粒度成分单一,粉粒占绝对优势,大于 0.075mm 的粗粒组很少,小于 0.005mm 的黏粒较少,颗粒级配曲线较陡。粉土在我国分布非常广泛,在大多数省、自治区、直辖市均有分布。

由于粉土干时无胶结,干土块用手轻压即碎,潮湿时呈流动的溶解状态,且潮湿时将土搓捻、摇动时易使土球成为饼状,不能搓成细土条,因此,粉土为填筑路基时最差的筑路材料。其原因主要由于粉质土含有较多的粉粒,干时虽稍具黏结性,但易被压碎,扬尘大,浸水时很快被湿透,易成流体状态稀泥。并且粉土的毛细水上升高度大,在季节性冰冻地区更容易使路基产生水分集聚,造成严重的冬季冻胀,春季翻浆。因此,采用粉质土大规模填筑路堤的公路并不多,相关报道则更少。近年来,我国沿江、沿海一带高速公路建设迅速发展,由于高速公路的填方工程量很大,带动了粉土研究的进展。我国的江苏、河北、上海、黑龙江等地开展了一些采用粉土作为公路路基和铁路路基的研究,并取得了一定成果。粉土在国外也有广泛分布,很多国家进行过一定程度的研究。国内外具有代表性的研究成果有:

(1)粉土的结构性能。粉土和含砂粉土在相等的孔隙比和初始应力状态下,原状样和重塑样在不排水应力-应变-强度关系中存在很大反差。原状样具有膨胀性和良好的延展性,然而除了少部分土样外重塑样在相同密度和应力状态情况下常出现体积收缩现象,不排水强度降低,脆性增强。在取土过程中粉质土的结构容易受到破坏,难以得到原状样,运输过程中常震动致密,使孔隙比减小,流塑或软塑状态的粉质土,更难测定孔隙比。因此,粉土具有很强的结构性,从而决定很多试验必须在现场进行,而现场试验又常常受到很多条件的限制以及环境的影响。

(2)粉土的力学性能。粉土的力学性能除取决于粒度成分、颗粒级配、含水量大小外,也与其成因类型、矿物成分组成、沉积年代、所处地理历史环境和空间分布等密切相关。但总的来说,粉土的黏聚力低,成型质量较差,渗透性好,保水性差,路基压实施工工艺和过程控制困难。室内剪切试验时,在竖向压力作用下粉土比黏土易排水固结,快剪的内部应力接近慢剪的有效应力,因此得到的内摩擦角偏大,黏聚力偏小。与此同时,粉粒的含量对粉土的强度和弹性模量也有很大影响。尽管粉土与砂土有着相似的破坏应力水平和整体应力发展趋势,但粉土的体积收缩性显著高于砂土的体积收缩性,而且粉粒的含量会对粉土的体积变化情况产生显著影响。

(3)粉土的稳定性。低液限粉土是公路建设中常见的一种土,其黏粒含量少,塑性指数低,稳定性差,因而成为工程界非常关心的问题。然而,粉土往往不存在一定的稳定界限,不同的初始孔隙比将会有不同的稳定界限。有关研究表明松散状态的粉土在高应力约束的情况下能够保持稳定,而高密实度粉土却在低围压下产生液化,在不排水条件下随围压的减小而呈现膨胀现象。因此,粉土的稳定性也非常复杂。许多工程实践表明,在以粉土作为基础持力层时,由于施工方法不当,结构受扰动,常使建筑物失稳,在水下深基础开挖中,易产生侧向滑动或流砂失稳现象。在以粉土作为路堤填筑材料时,由于低塑性粉质土中蒙脱石、伊利石等黏粒含量低,因此与水胶结作用能力差,颗粒间联结强度低,土体渗透系数较高,黏聚力低,抗冲刷性差。当汛期雨强达到某一定值时,雨滴连续冲击破坏粉土颗粒间脆弱的联结,当降雨在坡面形成水流时,又因水流冲击并带走粉砂土颗粒,在路面、坡面形成道道冲沟。在强降雨、暴雨作用下,产生水位差,在水力渗透作用下易产生流砂,直接使原有薄弱的路基破坏加剧形成潜蚀破坏,基床陷穴常因此而引起。为了增强粉土路基的稳定性,各地根据粉土的成因及物理性质的不同往往采用不同的方法进行路基改良,主要掺入二灰土、水泥、生石灰等常用材料进行路基改良。

（4）粉土的承载性能。由于粉土取样困难，且易扰动失水，造成试验数据分散，可靠性差，因此粉土地基承载力的确定一直存在诸多问题。粉土地基承载力的评价也就成为工程勘察的重要课题，《港口工程地质勘察规范》（JTJ 240—97）提供了两种方法：一种是利用天然含水率和孔隙比 2 个指标进行查表获得地基承载力；另一种是用标贯击数直接查表获得地基承载力。但是，前者的查取值比后者往往要大许多。另外，《岩土工程勘察规范》（GB 50021—2001）给出了按孔隙比评价粉土密实度的方法，然而实际上要采取到质量很好的土样，测定出其真正的天然孔隙比，却是很困难的事情，对饱和的含砂粉土来说就更困难了。近年来许多学者及工程人员在粉土承载力评价方面不断地探索，取得了一定的成绩，在不断确认原位测试是评价粉土承载力的重要而有效的手段外，还从相关的物理力学指标上进行了一定的探讨。具有代表性的有：曹右生强调粉土地基的容许承载力 R、地基承载力标准值 f_k 与塑性指数 I_p 的相关性；孟毅探讨了低塑性粉土标贯击数与承载力标准值之间的回归关系；袁灿勤等根据静力载荷、标准贯入、静力触探、剪切波速及室内土工试验等测试成果，分析统计了南京城区河漫滩相浅层粉土的有关试验指标和承载力之间的相关关系；杨鸿钧则首先用孔隙比修正的方法查取粉土的容许承载力，将查承载力表法和公式计算法这两种计算结果进行对比修正粉土的孔隙比，然后将修正后的孔隙比按《岩土工程勘察规范》（GB 50021—2001）对粉土的密实度进行了评价。

（5）粉土路基压实。曹婧通过多年的工程实践，从粉土的特征、机具选择、压实标准，到现场施工方法系统地阐述了如何保证粉土路基施工质量。申爱琴等对邯郸—临清公路工程中含砂低液限粉土的物理、力学性能及振动压实规律进行了较为全面的试验研究和理论分析，探索了粉土填筑路基的压实机理及影响因素，提出了一套行之有效的粉土路基压实施工工艺。王维桥等通过可塑性试验、级配试验、击实试验和压缩试验，指出液、塑限和塑性指数不宜作为评价黄泛区粉砂土工程性质的标准，以空气体积率作为该类土的压实控制标准比压实度更为合理，建议取消 90 区压实度标准，把下路堤压实度提高到 93%，上路堤压实度提高到 98%。

（6）粉土的动力特性。吴德纯对低塑性粉土的工程特性进行研究，发现在动循环荷载作用下，易使土体内孔隙水压力累积上升，导致液化破坏，特别是黏粒含量小于 10%，塑性指数小于 8 的松散饱和粉土，在地震作用下，大部分地段均有可能产生中等甚至严重程度液化位。牛琪瑛等对不同干重度、不同黏粒含量的重塑粉土样进行了动三轴试验，得出了粉土的动剪应力比随黏粒含量呈抛物线形变化，最低点在黏粒含量为 9% 左右，而且其抗液化强度随干重度增大而增强。Guo 等通过粉土和粉质黏土的液化性能试验研究，发现粉土和粉质黏土的液化势不但受到黏粒含量、塑性指数和孔隙比的影响，还受到土质结构、历史年限和其他因素的影响，因而这类土的液化势没有一个明确的标准。

由此可见，尽管国内外对粉质土工程性质的研究已经取得了一定的进展，但目前对于粉质土工程性质方面的研究还远远不够，急需解决的基本问题包括粉质土的基本力学特性。从前缺乏大规模的工程实践，只存在一些零碎的单一方面的研究，目前的工程实践需要在粉质土地区进行大规模的高速公路及高等级公路建设，因此，为指导不断发展的工程需要，非常有必要对粉质土的基本力学特性进行系统的研究。

1.2.5　膨胀土的工程性质及研究现状

由于具有显著的超固结性、裂隙性及胀缩特性，膨胀土具有典型的强度变动特性，表现为：由于超固结性使膨胀土在成土过程中形成结构强度，因而天然状态土体初期强度极高，由于蒙脱石等亲水矿物及多裂隙结构等，使其在气候或施工等外因扰动下产生吸水膨胀、失水收缩效应，土的强度随时间延续而大幅度衰减。

杨庆等指出非饱和膨胀土的抗剪强度（黏聚力与摩擦角）受含水率的影响较大，会随土体含水率的增大而减小，摩擦角随含水率的变化近似呈线性关系，黏聚力的对数与含水率呈线性关系。詹良通等利用双压力室非饱和土三轴仪研究了某非饱和膨胀土的变形和强度特性，得到等向压力固结时，非饱和膨胀土的屈服应力随吸力的增加而增大，非饱和膨胀土的有效内摩擦角与吸力的变化无关，而吸湿过程中黏聚力的变化与吸力的变化呈现非线性正相关的关系。膨胀土的变形特征是导致不同结构物病害的主要因素之一。李献民等通过试验研究了 3 种不同击实膨胀土变形特性，认为干密度和初始含水率是影响膨胀土变形的主要外部因素。杨和平等对广西宁明原状膨胀土进行了有荷载条件模拟干湿循环过程的试验研究，得到其胀缩变形和强度的变化规律。韩小虎对安徽合肥地区典型的原状膨胀土进行了加载和卸载的力学特性研究，得到了膨胀土在常规三轴剪切和围压卸载情况下的试验参数。谢琨对四川成都膨胀土膨胀力变化规律进行试验研究，得出膨胀力随含水率变化的变化规律曲线。谢云等通过对重塑膨胀土竖向和环向膨胀力的试验，得到膨胀力大小与含水率和土体干密度相关，且膨胀土的竖向膨胀力较侧向膨胀力高，干密度越大，竖向膨胀力与侧向膨胀力的比值越小，侧向的变形对竖直膨胀力的影响显著，并根据实验结果给出了竖向膨胀力与干密度和初始含水率的方程。丁振洲、郑颖人等通过试验研究了增湿作用对膨胀土自然膨胀力的影响规律。周小生以湖北荆门重塑膨胀土为研究对象开展了重塑膨胀土单向与双向动三轴试验，获得了重塑膨胀动弹模量与围岩的变化规律。谭晓慧等采用滤纸法和渗析法试验测定了安徽合肥地区 9 种弱膨胀土的土-水特征曲线, 采用蒸汽加湿法试验测定了吸湿过程中膨胀土的体积变化, 获得了吸湿过程中膨胀土的体积变化规律。杨长青等以广西宁明灰白重塑膨胀土为研究对象, 运用自制"膨胀土三向胀缩测试仪"研究了初始含水率和三向压力对胀限、三向膨胀率的影响规律。高游等对江苏淮安膨胀土进行了浸水后的膨胀变形和压缩变形试验, 研究了竖向压力在 $25 \sim 800 \mathrm{kPa}$ 范围内不同初始含水率和初始干密度对浸水膨胀变形特性的影响。

目前关于膨胀土的膨胀力和膨胀变形研究已非常充分。Chen F H、廖世文、刘特洪通过实验研究得出了以下结论: 影响膨胀土变形的主要因素是干密度和初始含水率, 对于同种膨胀土, 干密度越大、含水率越高则其膨胀力和膨胀变形也越大。

渗透系数是衡量土体渗透性能的一项重要指标, 与膨胀土有关的工程问题都涉及膨胀土的渗透特性, 如降雨入渗下膨胀土边坡的稳定、膨胀土地基变形等。对于具有明显胀缩性、裂隙性的非饱和膨胀土来说, 其渗透特性较一般黏土复杂。由于饱和度或体积含水量与基质吸力之间的关系由持水曲线来描述, 因此常常将渗透性函数表示为基质吸力的函数。李雄威等通过现场试验对广西膨胀土的渗透进行了原位跟踪试验。李志清等将野外测试的水-土特征曲线与室内浸湿曲线结合起来, 推算了非饱和状态下膨胀土的渗透系数, 提供了一种解决岩土力学问题的途径。叶为民等借助自主研发的非饱和渗透仪研究了非饱和膨胀土的渗透系数, 结果表明吸力与渗透系数之间并不是单一的增减关系, 当吸力下降至一定程度后, 土体渗透性反而上升。姚海林等通过对非饱和膨胀土渗流情况下的参数研究, 得出膨胀土的渗透性越低越应注意裂隙作用的结论。周葆春等以湖北荆门膨胀土为研究对象开展了渗透特性试验, 结果表明膨胀土的渗透系数与其干密度的关系可用幂函数描述。张锐等对广西宁明膨胀土的原状样和重塑样进行了饱和渗透试验, 结果表明膨胀土黏性矿物越多渗透系数越低、透水性越差。崔颖等基于 GDS 非饱和三轴试验系统研究了直接测试压实膨胀土的水渗透系数的方法, 结果表明吸力、围压、干密度和饱和度是渗透系数的控制性因素。戴张俊等对南水北调中线工程原状强、中膨胀土/岩开展压力板试验与双环注水试验研究, 得到其渗透特性及其规律。袁俊平等利用柔性壁渗透仪对重塑膨胀土进行了渗透试验, 得到了有无裂隙、浸水历时长短等对膨胀土渗透性的影响规律。

裂隙发育所产生的一系列不利于土体稳定的强度和渗透性问题一直受到人们的关注, 随着图像、图形数字处理技术的快速发展, 针对膨胀土不规则裂隙的定量描述有了很大进展。裂隙的存在极大地削弱了土体的强度, 廖济川、易顺民等在膨胀土稳定性的问题中发现了裂隙对其的重要影响; 裂隙同时也是具有不均一和变动性的, 它也会导致膨胀土不同的强度特性。杨和平等对膨胀土路基裂隙的开展过程和演化规律进行了研究。袁俊平等采用常规试验测定了膨胀土的膨胀时程曲线，定量地描述了裂隙在入渗过程中愈合的特征，并建立了考虑裂隙的非饱和膨胀土边坡入渗的数学模型。马佳等设计了1套精确控制湿度的装置，再现了裂隙的产生、传播、扩展过程，总结了裂隙发育的规律。易顺民等根据分形理论，研究了裂隙的分形特征，进而分析了网络分维的力学效应。殷宗泽等指出雨水进入裂隙中形成渗流增加了滑动力矩，裂隙还随时间而发展，显著影响膨胀土边坡的稳定性。赵金刚利用矢量图技术定量化描述了裂隙的演化规律，获取了安康膨胀土裂隙的几何形态及裂隙度等一系列参数。谭波等对广西4种典型膨胀土进行干湿循环条件下土体裂隙发育模拟试验，得到了裂隙发育规律，并对膨胀土体裂隙发育的影响因素进行了定量分析。黎伟等以膨胀土平面裂隙为研究对象，采用优化和改进的裂隙图像处理及裂隙特征提取方法对膨胀土裂隙各特征参数进行分析，结果表明室内压实膨胀土表面裂隙率随着湿干循环次数增加而增大。韦秉旭等利用PCAS裂隙图像处理软件对干湿循环条件下不同压实度膨胀土的表面裂隙发育变化进行动态、定量测量。

1.2.6　膨润土的工程性质及研究现状

膨润土因具有高膨胀性、低渗透性、优良的核素吸附性等被世界各国选作深层地质处置库中缓冲和回填材料的基质材料。目前，已有不少学者对高庙子膨润土的工程性质进行了研究。陈宝等研究了高压实高庙子钠基膨润土的土-水特性及其微观结构特性，利用压汞试验结果推算了该膨润土在恒体积条件下的土-水特征曲线，并与实测曲线进行比较，认为膨润土的土-水特性与其微观结构之间存在密切关系。郁陈通过对高庙子膨润土的土水特性、微结构特性以及体积变形特性等方面进行研究，得到不同吸力范围和不同应力状态下的土-水特征曲线。钱丽鑫通过水汽平衡法和渗析法获取了高庙子膨润土的土-水特征曲线，并对高庙子膨润土进行了在侧限条件下非饱和渗流试验和侧限渗透特性模拟分析。秦冰等研究了干密度、竖向压力、浸泡液体、吸湿方式对高庙子重塑膨润土膨胀变形的影响以及高庙子膨润土三向膨胀力特性，认为竖向膨胀力、水平膨胀力均主要与干密度有关。Sun等对膨润土以及其不同掺砂率下混合试样的膨胀特性进行了系统的研究，并提出了不同掺砂率下膨润土和砂混合试样膨胀特性的预测方法。孙文静等对GMZ钙基膨润土进行了渗透、压缩和膨胀试验。

除对高庙子膨润土的工程性质进行的研究外，还有学者对其他膨润土进行试验研究。刘泉声和王志俭研究了信阳产膨润土（蒙脱石含量达93％）与砂混合物在不同状态下的膨胀性能，建立了蒙脱石密度与膨胀力的函数关系。徐永福等采用固结仪对日本产Kunigel V1钠基膨润土及其与砂混合物进行了膨胀变形试验，得到蒙脱石孔隙比与上覆压力的通用表达式，认为膨胀变形特性与试样的击实条件有关。田永铭等对 MX－80 膨润土与碎石混合物进行了压实试验研究，拟合得到膨润土压实方程的相关参数，建立了膨润土真实压实行为的无摩擦压实曲线。李培勇采用 GDS 非饱和土三轴试验仪对辽宁黑山钙基膨润土（蒙脱石含量约为 81.6％）与砂混合物进行抗剪强度特性的研究，采用压力板法测定了不同初始干密度、不同干湿循环次数和不同配合比的膨润土与砂混合物的干化土-水特征曲线，弄清了土-水特征曲线的影响因素。

1.2.7 土-水特征曲线研究现状

非饱和土的复杂性在于气相的存在及其水、气两相比例的变化而导致其水力、力学性质的改变。非饱和土力学中水、气两相比例的变化规律及其界面效应可用土-水特征曲线（Soil-water characteristic curve，简称 SWCC）来描述。土-水特征曲线是指吸力与土的含水量之间关系。非饱和土力学中的许多重要的参数（如强度参数和渗透系数等）可通过土-水特征曲线获得。土-水特征曲线可由含水量变化的方法分为脱水曲线和吸水曲线。对于一个特定的含水量，脱水段的吸力要高于吸水段的吸力，这个现象称为持水曲线的滞后性。持水曲线的滞后性归因于土中孔隙大小的不同，大孔隙较易进水和脱水，小孔隙则反之，因此脱水过程中小孔隙内残留的水使含水量要高于同等吸力条件的吸水段对应的含水量。同时"瓶颈效应"，即不同大小的孔隙与相互连通的孔隙喉道之间存在尺寸差别，也会导致产生持水曲线的滞后性。长期以来，土-水特征曲线的研究多沿着土壤物理学中的观点进行，由于非饱和土力学和土壤物理学中所研究的土物理状态及两门学科所研究问题的差异，将土壤物理学中的相关成果直接应用到非饱和土力学中不一定合理，因此如何将土壤物理学中涉及土-水特征曲线的成果合理地应用到非饱和土力学中是关键问题。土-水特征曲线的方程是非线性的函数，经过深入的研究与分析，目前已经提出了多种模型来描述土-水特征曲线。

1. Gardner 提出的方程

Gardner（1958）提出土-水特征曲线的拟合方程为

$$S_e = \frac{\theta - \theta_r}{\theta_s - \theta_r} = \frac{1}{1 + \alpha \phi^n} \tag{1-2}$$

式中：S_e 为相对饱和度；θ 为体积含水量；θ_s 为饱和体积含水量；θ_r 为残余体积含水量；ϕ 为基质吸力；α 和 n 为拟合参数。

2. Brooks 和 Gorey 提出的方程

Brooks 和 Gorey（1964）提出土-水特征曲线的拟合方程为

$$\begin{cases} S_e = \left(\dfrac{\phi^b}{\phi}\right)^{\lambda} , \phi > \phi^b \\ S_e = 1 \qquad , \phi \leqslant \phi^b \end{cases} \qquad (1-3)$$

式中：S_e 为相对饱和度；ϕ 为基质吸力；ϕ^b 为进气值；λ 为拟合参数。

3. Van Genuchten 所提出的方程

Van Genuchten（1980）提出土-水特征曲线的拟合方程为

$$S_e = \frac{1}{[1+(\alpha\phi^n)]^m} \qquad (1-4)$$

式中：S_e 为相对饱和度；ϕ 为基质吸力；α，m 和 n 为拟合参数。

4. Fredlund 和 Xing 所提出的方程

Fredlund 和 Xing（1994）提出土-水特征曲线的拟合方程为

$$S_e = \frac{1}{\left\{\ln\left[e+\left(\dfrac{\phi}{\alpha}\right)^n\right]\right\}^m} \qquad (1-5)$$

式中：S_e 为相对饱和度；ϕ 为基质吸力；α，m 和 n 为拟合参数。

5. Feng 和 Fredlund 所拟合的方程

Feng 和 Fredlund（1999）提出土-水特征曲线的拟合方程为

$$\theta = \frac{\theta_{sat} + \theta_{irr}\left(\dfrac{P_c}{b}\right)^d}{1+\left(\dfrac{P_c}{b}\right)^d} \qquad (1-6)$$

式中：θ 为体积含水量；θ_{sat} 为饱和含水量；θ_{irr} 为残余含水量；b 为与进气值有关的参数；d 为拟合参数。

一般认为土-水特征曲线的主要影响因素包括矿物成分、孔隙结构、密实程度、温度和土中水盐溶液。土体矿物成分不同，土的持水能力不同，随着土体中的黏粒含量增加，土体持水能力增大，其进气值和残余含水量均增加。如一般的砂土的进气值为 1～10kPa，粉质黏土（如弱膨胀土）的进气值为 10～100kPa，而黏性土（如强-中膨胀土、膨润土）的进气值可达 100～1000kPa。对于同样的土样，其矿物成分相同且不考虑温度影响时，密实度和孔隙结构起着主要作用。土体的孔隙结构对土-水特征曲线（SWCC）、土体的变形和渗透系数均有影响。如孔隙比相近的泥浆样和击实样的土-水特征曲线是不一样的，后者的进气值明显小于前者，这是由于前者的孔隙大小分布较均匀所导致的。土体变形改变土体的密实程度，从而影响土-水特征曲线形状特征及位置。孔隙比的变化改变进气值的大小，一般孔隙比越小其进气值越大。通常土的结构性是指孔隙和颗粒的分布以及颗粒之间的连接和相互作用，但孔隙内液相和气相之间的界面效应及其与颗粒之间的相互作用常被忽视，而这种气相与液相间的界面效应及与颗粒之间的相互作用对非饱和土的性质和行为是不可忽略的，而吸力以及土-水特征曲线的滞后效应就是这种作用的宏观表现（刘艳）。Nitao 和 Bear 对滞后现象进行合理解释，当土体含水量小于某微观含水量时，滞后的发生主要和化学势有关，当土体含水量大于这一含水量时，液相滞后主要由水-气交界面不稳定性而导致的，也就是干湿循环过程中的交界面从一种不稳定状态转变到一种稳定的几何形状时的耗散过程。Fredlund 总结了土-水特征曲线出现滞后效应的原因，主要包括：①孔隙尺寸不均匀的分布，在土体脱湿过程中，位于大孔隙中的孔隙水首先排出，再轮到小孔隙排水，这是因为在小孔隙中的孔隙水具有最低化学势，而大孔隙中的孔隙水化学势较高，孔隙内的气体就有可能会沿着连通大孔隙形成连通的气流路径，从而阻隔小孔隙进一步的排水，使孔隙水在孔隙介质中呈块状分布，相反在土体吸湿过程中，水将首先进入湿锋附近小孔隙，并将其充满，然后再充满较大的孔隙，然而在吸湿过程中，因为小孔隙先被充满，不会形成上述水流通路阻隔现象，使得孔隙水分布相对比较均匀，可见孔隙尺寸不均匀分布，导致吸湿和脱湿过程中孔隙水的分布不同，对土中水-气的结构和非饱和土的性质产生重要影响；②瓶颈效应，主要是由于不同大小孔隙及相互连通的孔隙喉道间的尺寸差别造成的，在土体吸湿过程中，由于孔隙以及与其连通的喉道间存在着尺寸差异，孔隙水在涌入的过程中自然面临着瓶颈的约束而难以突破，导致在相同吸力下吸湿过程时的含水量小于脱湿过程时的含水量；③接触角的影响，在脱湿与吸湿过程中，水-气交界面土的接触角会不同，一般脱湿过程时接触角小，吸湿时大，小的接触角对应的表面张力较大，因此对水的滞留能量较大，接触角的大小差异决定了水的滞留特性的差别，这种现象称为雨点效应；④当吸力减少或者增加时孔隙中的气体体积及其变化是不同的，导致不同的饱和度的变化；⑤触变和时间效应。

根据目前的量测技术，要获取广吸力范围内的土-水特征曲线往往要利用几种不同的量测方法，如压力板法、轴平移技术、张力计和饱和盐溶液法等。因此，要通过试验获取广吸力范围内的土-水特征曲线，其过程复杂且耗时长，故很多学者提出能模拟全吸力范围土-水特性的方程。此外，随着微细观试验（如压汞试验、电镜扫描等）的深入测试和研究表明，土样内部的孔隙结构可以分为单峰孔径分布、双峰孔径分布和多峰孔径分布。因此，土-水特征曲线就试样内部孔隙结构的类型而言可以分为单峰土-水特征曲线和双峰土-水特征曲线。

1.2.8 非饱和土强度特性的模拟

非饱和土孔隙中有气的存在，决定它的强度特性比饱和土的复杂。对于非饱和土强度理论主要可以分为单一变量有效应力（Bishop）和 Fredlund 双参数理论。

（1）单一变量有效应力。Bishop 和 Blight 为了考虑孔隙气压和水压对非饱和土强度的影响，引进了等效孔隙水压的概念，将饱和土的有效应力原理直接引申到非饱和土的有效应力中，故非饱和土有效应力表示为

$$\sigma' = \sigma - u_a + \chi(u_a - u_w) = \sigma - u_a + \chi s \qquad (1-7)$$

式中：σ' 为非饱和有效应力；σ 为总应力；u_a 为孔隙气压；u_w 为孔隙水压；s 为吸力；χ 为非饱和有效应力参数，当 $\chi = 1$ 时为饱和土，$\chi = 0$ 时为干土。

因此，非饱和土抗剪强度公式可以写成

$$\tau_f = c' + [(\sigma - u_a) + \chi s]\tan\varphi' \qquad (1-8)$$

式中：τ_f 为非饱和土剪切强度；c' 为饱和土有效黏聚力；σ 为总应力；u_a 为孔隙气压；s 为吸力；φ' 为有效内摩擦角。

Bishop 和 Blight 非饱和土有效应力式（1-7）无法解释浸水引起的湿化问题，即试样浸水吸力减小，有效应力减小，试样体积应该膨胀，实际土是非饱和土为湿化。

（2）Fredlund 双参数理论。非饱和土土体内一平面土有 3 个法向应力变量，即 σ、u_a 和 u_w。Fredlund 等推荐用净应力（$\sigma - u_a$）和吸力（$u_a - u_w$）来表示线性的非饱和土抗剪强度，即

$$\tau_f = c' + (\sigma - u_a)\tan\varphi' + (u_a - u_w)\tan\varphi^b \qquad (1-9)$$

式中：τ_f 为非饱和土剪切强度；c' 为饱和土有效黏聚力；σ 为总应力；u_a 为孔隙气压；φ' 为有效内摩擦角；φ^b 为吸力变化的摩擦角，主要代表是吸力对非饱和土强度的贡献。

要建立非饱和土水力和力学耦合的本构模型，应选择适当的变量来考虑饱和度的作用，同时还要考虑变形对土-水特性的影响。近十几年来，很多学者就此提出水力和力学性状耦合的弹塑性模型，如 Wheeler 等综合分析了孔隙气压、孔隙水压与体积含水率的关系，指出饱和度对非饱和土的应力-应变有着重要的影响，在此基础上提出非饱和土水力与力学性状耦合的弹塑性模型，但是此模型只适用于等向固结状态。Sun 等建立了考虑土-水特性影响非饱和水力和力学特性耦合的本构模型，并与吸力控制的三轴试验加以验证；随后 Sun 等又提出在不排水条件下非饱和土水力和力学耦合的本构模型；Sheng 和 Zhou 在常应力状态下的土-水特征曲线基础上，建立了非饱和土水力和力学耦合的本构模型，并利用相关的试验数据加以验证；Zhou 等用饱和度替换吸力，在应力与饱和度空间中建立了非饱和土水力和力学耦合的本构模型；

随后，Zhou 等将统一硬化参数引入应力与饱和度空间建立了考虑密度影响非饱和土水力和力学耦合的本构模型，并利用已公开发表文献中的试验数据加以验证。

国内外已有不少学者在非饱和土抗拉强度预测方面做了大量的研究。Snyder 等将毛细黏聚模型与格里菲斯弹性固体断裂理论相结合，研究了无黏性土的拉伸破坏问题。Kim 等研究了低含水率下颗粒状土的抗拉强度，并提出了一个较为简单的预测非饱和颗粒状土的抗拉强度公式，公式中利用了干密度和含水率两种简单而实用的参数，该公式可为实际工程中非饱和颗粒状土抗拉强度估算提供参考依据。还有学者研究了压实黏土的抗拉强度，并根据前人的理论结合实验和数值计算方法得出抗拉强度的数值计算公式。Lu 等提出了在已知饱和土内摩擦角和土-水特征曲线的条件下预测湿砂的抗拉强度公式，该公式统一了3 种保水状态下的抗拉强度，即残余区、过渡区、边界效应区对应的非饱和砂抗拉强度。Yin 等分析和总结了现有的非饱和土抗拉强度理论公式，也提出了基于土-水特征曲线的非饱和无黏性土抗拉强度的半经验预测公式。但是，以上用来验证本构关系的试验数据基本上是低吸力范围内非饱和压实样土水力和力学特性的试验数据，且较少应用于土体抗拉强度预测中。而非饱和压实膨润土的抗拉强度预测又是核废料处置库工程中缓冲层设计施工不可缺少的一项。因此，上述非饱和土水力和力学耦合的本构模型在广吸力范围内对土体抗拉强度的模拟效果还需要进一步验证。

对某种土体，非饱和状态下的抗拉强度与土中的吸力和饱和度有关，而吸力与饱和度之间的关系可用土-水特征曲线表示。因此，根据土体的实测土-水特性，确定其模型参数值，为非饱和土抗拉强度的预测使用。关于土体抗拉强度预测，首先使用已有的公式，探讨其适用性。然后对已有预测抗拉强度的公式进行改进，建议适用于非饱和土预测抗拉强度的公式，根据实测的结果确定公式中的参数，抗拉强度预测公式和参数值可为将来工程中预测非饱和土的抗拉强度提供参考。

1.3 本书研究内容

为了研究不同类型非饱和土的抗拉强度及其影响因素，本书的研究内容主要包括基于 PIV 技术的黄土径向劈裂试验研究、基于 PIV 技术的粉土径向劈裂试验研究、基于 PIV 技术的膨胀土径向劈裂试验研究，以及基于 PIV 技术的膨润土抗拉强度及其预测。

1.3.1 基于 PIV 技术的黄土径向劈裂试验研究

结合国道 G310 三门峡西至豫陕界段新建工程实际，现场采取黄土原状样，用 PIV 测试系统对黄土原状样和初始干密度分别为 1.33g/cm³、1.4g/cm³、1.5g/cm³ 及 1.6g/cm³ 的黄土重塑样进行了一系列 PIV 劈裂试验对比研究。同时用压汞仪对黄土原状样和重塑样进行了微观结构定量对比分析，系统研究了三门峡黄土微观结构性、初始干密度对其抗拉强度的影响。

1.3.2 基于 PIV 技术的粉土径向劈裂试验研究

利用 PIV 技术，运用自行设计的单轴劈裂试验装置，开展了不同初始干密度粉土的抗拉强度及变形特性试验研究，探讨粉土抗拉强度随干密度的变化规律，并通过 PIVView2c 和 Tecplot 软件处理得到粉土裂隙发育过程的矢量场；运用直剪仪测试不同初始干密度条件下粉土的抗剪强度，结合 SEM 扫描电子显微镜试验结果，探讨了抗拉强度与黏聚力、内摩擦角之间的关系，同时从微观角度对粉土的力学特性变化进行机理分析。

1.3.3 基于 PIV 技术的膨胀土径向劈裂试验研究

利用 PIV 技术，运用自行设计的单轴劈裂试验装置，研究了含水率分别为 10%、12%、14%、16%、18%、20%、22%，初始干密度分别为 1.35g/cm³、1.50g/cm³ 和 1.65g/cm³ 的压实非饱和膨胀土的抗拉强度。同时，采用滤纸法测定了具有不同初始干密度的压实膨胀土的土-水特征曲线。

1.3.4 基于 PIV 技术的膨润土抗拉强度及其预测

以国内典型的膨润土为试验材料，通过 WP4C 仪、滤纸法以及压力板法获得压实膨润土的吸力。基于试验数据，经拟合分析获得 Fredlund - Xing 模型的参数，得到预测膨润土的土-水特征曲线公式。同时根据非饱和土强度理论，提出可预测压实高庙子膨润土的抗拉强度模型；基于 PIV 技术模型试验系统，结合自行研制的直接拉伸模具，协同万能试验机开展直接拉伸试验、劈裂试验，得到压实膨润土的劈裂强度、直接拉伸强度变化规律。由于理论假设基础不同，劈裂试验、直接拉伸试验得出的抗拉强度存在差异性，基于 Frydman 提出的修正方法对劈裂试验结果进行修正，可以获得一种快速获得膨润土抗拉强度的方法。

1.4 技术路线

根据研究内容，制定本书研究的技术路线及工作步骤：①通过基于 PIV 技术的抗拉强度试验获得黄土、粉土、膨胀土、膨润土的抗拉强度以及拉张裂隙的发育规律；②同时开展压汞试验、扫描电镜试验探讨黄土、粉土、膨润土的微观结构对其宏观力学的影响；③通过 WP4C 仪、滤纸法、压力板法探讨膨胀土、膨润土的抗拉强度与吸力的关系，为相关的工程建设以及预防地质灾害提供科学试验依据和参数。技术路线示意如图 1-5 所示。

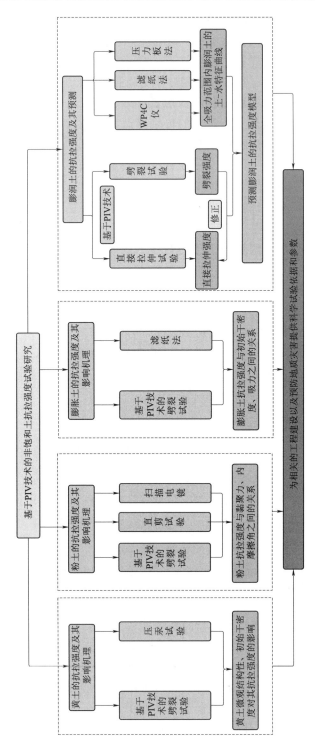

图 1 - 5　技术路线示意图

第 **2** 章

基于 PIV 技术的黄土径向劈裂试验研究

2.1 概述

　　土体内的微观孔隙结构对其宏观力学特性有很大影响。土的微观孔隙结构包括孔隙的分布、形态、大小以及数量。Delage 等、Simms 等和 Wang 等在观测土体孔隙结构方面做了大量尝试，结果显示压汞试验（Mercury Intrusion Porosimetry，MIP）在定量观测孔隙尺寸及其分布方面极为有效。利用压汞实验，罗浩等测试了赵家岸滑坡地区黄土的微观结构特征，试验结果表明架空孔隙是其孔隙主要的压缩区间。孙德安等对扬州原状黏土进行了压汞和压缩处理，对比分析其微观孔隙结构的变化特征，因土样取自不同深度，所以其初始孔隙比虽然相近但压缩特征截然不同。崔素丽等的压汞试验结果表明，黄土经过水泥窑灰改性后，黄土团聚体间的孔隙消失，转化成为团聚体内的孔隙，且总孔隙比降低，因此土体更加密实，黄土的强度等特性也有所增强。

　　关于原状黄土强度理论方面的研究较为丰富，宋焱勋等通过对结构性黄土进行抗拉和抗剪试验，在结构性黄土的双曲线强度公式中引入了新的参数。扈胜霞等利用直剪仪，在控制吸力的条件下研究了非饱和黄土的强度特性。在黄土土压力研究方面，骆晗等合理考虑了抗拉强度对土压力计算的影响，提出了基于黄土联合强度的主动土压力计算方法。由此可见，黄土的抗拉强度在工程设计中可以发挥重要的作用，包括边坡稳定性分析、滑坡和抗拉裂隙分析、大坝分析及路堤分析以及其他岩土工程结构分析。

2.2 试验土样

　　试验黄土土样取自灵宝市东上村桥。黄土土样基本物理性质指标见表 2-1，其中原状土的干密度为 1.33g/cm^3，天然含水率为 5.1%。

表 2 - 1   黄土土样基本物理性质指标

液限 w_p/%	液限 w_p/%	塑限 w_L/%	塑性指数	颗粒比重	最优含水率	最大干密度
17mm	10mm	2mm	I_p	G_s	w_{opt}/%	ρ_{dmax}/(g/cm³)
31.6	27.8	18.8	12.8	2.7	17.5	1.65

为研究黄土中各颗粒组分的相对含量以及土体颗粒组成情况，对试验黄土土样进行颗粒分析试验，试验反映出土体中各组分的相对含量，根据曲线变化趋势，判断出颗粒均匀性。黄土土样颗粒分布曲线如图 2 - 1 所示，试验采用的黄土的颗粒粒径主要集中在 0.005～0.075mm 之间，主要为粉粒。

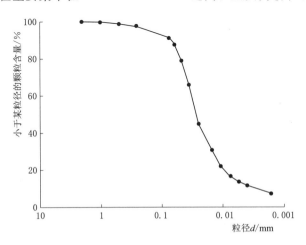

图 2 - 1 黄土土样颗粒分布曲线

2.3 试验方案

2.3.1 试验设备

PIV 试验设备包含照片采集系统和加载系统，试验设备示意如图 2 - 2 所示。照片采集系统，包括高速工业相机、光源及 Davis8.0 系列软件。试验所用试样的初始尺寸直径 d_0 值为 6.18cm，高度 h_0 值为 2cm。由美国迈斯特公司生产的 CMT4000 型电子万能试验机是此次试验中的加载系统，包括了加载设备和数据采集系统。根据试验需求设置参数，万能试验机可自动进行等速加载。由于 LVDT 变形传感器和加载设备同时采集信息，可认为试样变形与加载设备施加的荷载协同进行。

FD - 1 型冷冻干燥机是小型桌面式冷凝干燥设备，能够调节温度以及气压，适合实验室采用。干燥机主要由干燥主机、真空泵、干燥架以及有机玻璃罩 4 部分组成。干燥机内部的装置是干燥架，干燥盘上放置待干燥的试样，外侧套

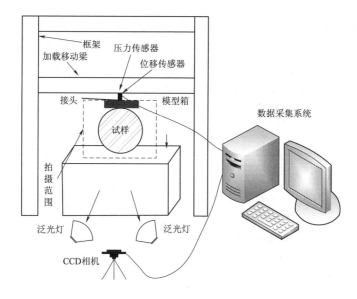

图 2-2　试验设备示意图

有透明的有机玻璃罩。干燥机开始工作时，干燥室气压逐渐降低，有机玻璃罩便于观察整个试验过程，能够清晰记录试样的变化，整个干燥过程试样的结构不会被破坏，可保留试样的原生结构。

由美国麦克公司生产的 Auto Pore IV 9600 全自动压汞仪应用于压汞试验，可用来分析块状固体、粉末的裂隙的孔尺寸及孔体积等参数。压汞法假设土样的孔隙呈圆柱状，汞具有非浸润性因此不会流入固体孔隙。在低压下汞先进入较大孔隙，随着压力的增大再逐渐进入微孔隙中。通过进汞体积量推算孔隙分布情况，孔隙大小可根据进汞压力确定，即

$$P = \frac{-2\sigma\cos\theta}{r} \qquad (2-1)$$

式中：P 为进汞压力；r 为孔隙半径；σ 为注入液体的表面张力，取值为 0.484N/m；θ 为接触角，取值为 141°。

2.3.2　试样制备

为研究结构性对黄土抗拉强度的影响，控制重塑试样的含水率与原状试样天然含水率保持一致（$w=5.1\%$），用千斤顶静压法制作初始干密度为 1.33g/cm³ 的重塑样，原状样由环刀制样器削制而成。同时制备初始干密度为 1.4g/cm³、1.5g/cm³、1.6g/cm³ 的重塑样以研究不同初始干密度对抗拉强度的影响。每个试样 2 组以达到平行试验对比的目的。试样直径和高度分别为 6.18cm 和 2cm。

2.3.3　试验步骤

1. 微观试验步骤

（1）先将制备好的试样放入液氮中迅速冷却，再尽快将装有试样的液氮盒放入无水的真空饱和器中，可以观察到试样的表面会附着一薄层白色的冰。

（2）连续抽真空 24h 后，取出试样，放入冷冻干燥机中再次抽真空 24h，使土中的非液态冰升华。

（3）为减小扰动，保证试样的完整性，每组干密度试样进行 2 次平行试验，选取最佳的试样进行随后的压汞试验。

2. PIV 劈裂试验步骤

（1）将试样放置于万能试验机上，调整好上部压板位置，使其与试样顶部保持将要接触。同时确定压力传感器另一端与数据采集系统连接良好，根据试验需求设置加载设备的各项采集参数。采用等速位移控制，将其设定为 1.4mm/min。

（2）调整好泛光灯以及 CCD 相机位置，并对 CCD 相机进行调焦，确保相机的清晰度以及视野范围处于最佳状态。

（3）启动 PIV 测量系统，将测量系统的照片总张数设置为 1500 张，拍照频率设置为 7 张/s。待试样出现明显破坏现象后结束试验。

（4）根据荷载-位移曲线，选择每个阶段所拍摄图片，用 PIV 分析系统对开始和结束时刻 2 张图片进行对比处理，对裂隙发育过程的土体变形场进行分析并生成位移矢量图。

2.4　试验结果分析

2.4.1　黄土压汞试验分析

实测孔隙比与压汞试验推算孔隙比对比曲线如图 2-3 所示。由于土体内部存在一些汞无法压入的闭孔以及微小孔隙等，因此压汞试验推算得到的孔隙比应略小于土体实测孔隙比。从图 2-3 所示的比较结果可知，推测孔隙比曲线略低于实测孔隙比，且两者的孔隙比较为接近。因此，本次压汞试验获得试验数据是可靠、有效的。压汞试验结果如图 2-4 所示，图 2-4（a）、图 2-4（b）分别为原状黄土及不同初始干密度重塑黄土的累计汞压入量曲线和孔径分布密度曲线。

由累计汞压入量曲线可以得出最终累计进汞量，从而获得土样中有效孔隙量。从图 2-4（a）可以看出，由于原状黄土具有原生的孔隙结构，原状黄土的累计汞压入量曲线明显高于初始干密度为 1.33g/cm³ 的重塑黄土，两者曲线变化特征一致，累计压入汞的体积随着孔径增大逐渐减小。随着初始干密度的增

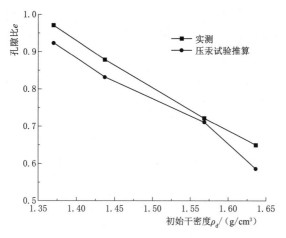

图 2-3　实测孔隙比与压汞试验推算孔隙比对比曲线

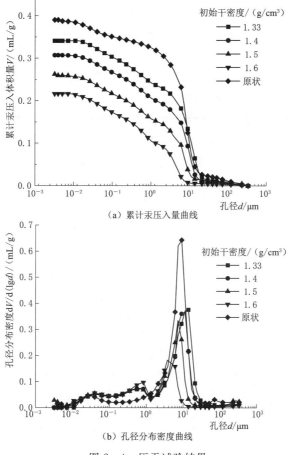

（a）累计汞压入量曲线

（b）孔径分布密度曲线

图 2-4　压汞试验结果

大，重塑黄土累计汞压入量曲线整体向下移动。集聚体内孔隙体积慢慢发生收缩，相对小的颗粒间孔隙占据主要作用，从而累计压入汞的体积减小，曲线向下方移动。

图 2-4（b）为孔径与孔径分布密度的关系图，可以反映试样中相应孔径的孔隙体积所占的比例大小。由图可知，原状黄土的孔径分布范围主要为 2～10μm，重塑黄土孔径分布范围主要为 2～12μm。若按 Kodikara 等对土体内部微孔隙的划分，即颗粒间孔隙（0.004～1μm）、集聚体内孔隙（1～30μm）、集聚体间孔隙（10～1000μm），原状黄土和重塑黄土的试样内部孔隙主要为集聚体内孔隙。

原状黄土的孔径分布密度曲线的峰值明显高于重塑黄土。重塑黄土的孔径分布密度曲线峰值随着初始干密度增大而减小，且峰值对应的孔径发生变化，孔径分布曲线向左移动。原状黄土与重塑黄土对应的峰值存在差异，主要原因为：原状黄土具有原生结构，集聚体间大孔隙有一定比例而重塑黄土经历碾碎过筛，集聚体间大孔隙消失，且随着初始干密度增大集聚体间孔隙逐渐减小甚至消失，主要为颗粒间孔隙和小的集聚体内孔隙。

2.4.2　荷载-位移关系曲线分析

原状黄土及重塑黄土劈裂试验荷载-位移关系曲线（图 2-5）存在不同的阶段：OA 段，试样内部微小孔隙被逐渐压实，荷载-位移关系曲线斜率逐渐增大；AB 段，试样内部趋于密实，开始弹性变形，曲线斜率近乎不变，在此阶段达到荷载峰值；BC 段，在达到峰值过后，进入失稳破坏阶段，试样表面开始出现清晰可见的裂隙，随着位移的微量增加荷载曲线急剧跌落；CD 段，劈裂裂隙在试样表面及内部发育，随之试样呈现出一定的残余强度。裂隙伴随应力增加呈现

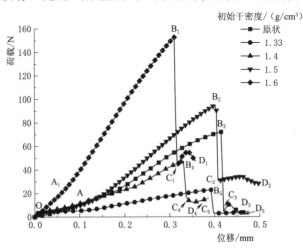

图 2-5　荷载-位移关系曲线

继续发育趋势直至贯通试样，最后导致其完全破坏。

原状黄土呈现应变软化现象。由压汞试验结果可知，虽然原状黄土的集聚体间孔隙比初始干密度为 $1.33g/cm^3$ 重塑黄土的多，但由于原状黄土存在颗粒间的联结强度，具有明显的结构性，导致原状黄土的抗拉强度仍然比重塑黄土的高。不同初始干密度重塑黄土的荷载-位移关系曲线均呈现应变软化现象，并且上述现象随着初始干密度的增大越来越显著。随着重塑黄土初始干密度增大，其内部集聚体间孔隙会逐渐减小甚至消失，所以重塑黄土抗拉强度会增加。

抗拉强度的计算公式为

$$\sigma_t = -\frac{2P}{\pi dt} \qquad (2-2)$$

式中：σ_t 为抗拉强度；P 为破坏时施加的荷载；d 为试样的直径；t 为试样的厚度。

当试样的含水率相同时（$w=5.1\%$），试样的初始干密度与抗拉强度关系曲线如图 2-6 所示，呈非线性关系，相关系数大于 0.90，相关性较好，其拟合函数为

$$\sigma_t = 11.5327 \left(\frac{2.61}{\rho_d} - 1\right)^{-4.6702} \qquad (2-3)$$

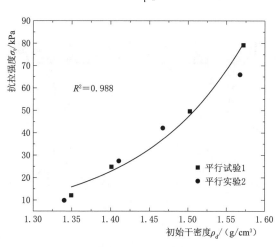

图 2-6　初始干密度与抗拉强度关系曲线

由此可知，初始干密度主要影响了重塑黄土内部微孔隙结构的分布和尺寸，进而影响其抗拉强度。随着初始干密度增大，重塑黄土的颗粒间孔隙体积和集聚体内孔隙体积慢慢发生收缩，试样更加密实，导致抗拉强度更大。

2.4.3 位移矢量场分析

原状黄土和不同初始干密度重塑黄土的劈裂破坏裂隙扩展情况及其位移矢量场如图 2-7、图 2-8 所示。图中颜色越深代表应力越集中，进而表示变形越

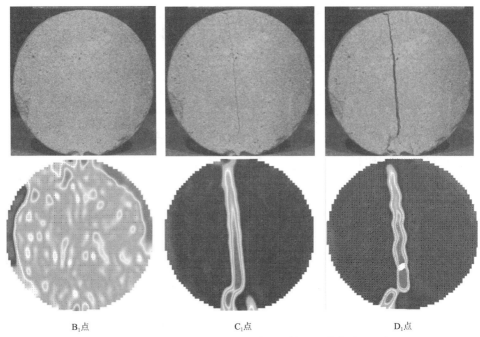

B₁点   C₁点   D₁点

图 2-7 原状黄土的劈裂破坏裂隙扩展情况及其位移矢量场

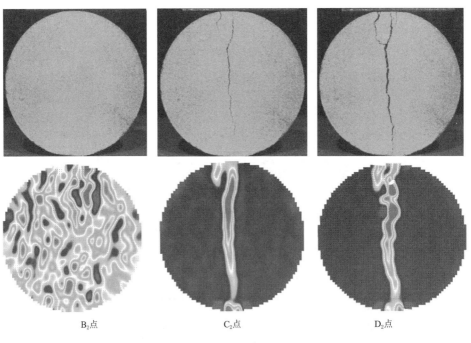

B₂点   C₂点   D₂点

(a) $\rho_d = 1.33 \mathrm{g/cm^3}$

图 2-8（一） 不同初始干密度重塑黄土的劈裂破坏裂隙扩展情况及其位移矢量场

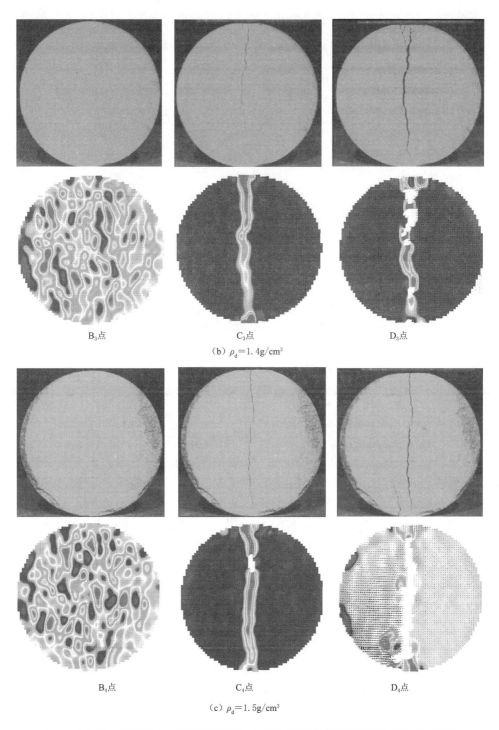

（b）$\rho_d=1.4g/cm^3$

（c）$\rho_d=1.5g/cm^3$

图 2-8（二）　不同初始干密度重塑黄土的劈裂破坏裂隙扩展情况及其位移矢量场

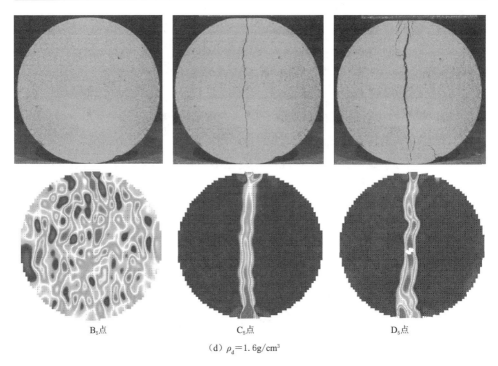

B₅点　　　　　　　　　C₅点　　　　　　　　　D₅点

（d）$\rho_d = 1.6 \text{g/cm}^3$

图 2-8（三）　不同初始干密度重塑黄土的劈裂破坏裂隙扩展情况及其位移矢量场

大，裂隙越明显。在荷载经历近似线性的 AB 段后，在达到峰值应力点 B 时未出现明显裂隙，微小裂隙主要出现在试样内部。B 点过后荷载急剧跌降至 C 点，可观察到劈裂裂隙已出现在劈裂面上，然后荷载波动至 D 点。

由原状黄土试样位移矢量场可知，B 点试样发生压缩变形，未出现明显裂隙，位移主要集中在原状试样右上方；峰值过后的 C 点出现明显裂隙，主要变形集中在试样中央，并随着裂隙向右下方发展；荷载波动到 D 点处，主裂隙贯通加宽。试样的破坏部分由于位移较大，PIV 技术得到的位移矢量场为空白区。

由重塑黄土试样位移矢量场可知，B 点重塑试样发生压缩变形，未出现明显裂隙，位移主要集中在试样内部；峰值后的 C 点出现主裂隙，不同初始干密度重塑试样的裂隙分布和发育过程非常一致，主要分布于试样中央，沿径向分布，近似于一条直线，将试样均匀分为左右两部分，劈裂过程中试样径向位移量最大，试样两侧几乎没有位移；荷载波动至 D 点处，主裂隙径向贯通，次生裂隙发育，部分重塑试样因破坏位移较大，位移矢量场为空白区。

黄土原状试样与重塑试样对比如图 2-9 所示，由图可知，原状试样表面存在明显凹凸，颗粒间胶结作用明显，初始干密度为 1.33g/cm^3 的重塑试样表面则非常光滑。对比原状试样与干密度为 1.33g/cm^3 的重塑试样位移矢量场可知，原状试样由于自身具有原生结构性，裂隙较发育，可推测劈裂时受原生裂隙控制较大，原状试样仅产生 1 条由左上方延伸向右下方的倾斜主裂隙，而重塑试样在制备过程中经历碾碎过筛，不具有原生结构，劈裂过程中会在居中主裂隙周围发育次生裂隙。

 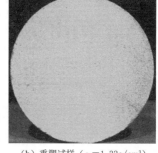

（a）原状试样　　　　　　　　（b）重塑试样（ρ_d＝1.33g/cm³）

图 2 - 9　黄土原状试样与重塑试样对比图

2.5　本章小结

　　基于 PIV 技术对原状黄土和不同初始干密度重塑黄土进行了一系列的径向劈裂试验，同时利用压汞试验进行微观结构定量对比分析，试验的主要结论如下：

　　（1）原状黄土与重塑黄土的荷载-位移关系曲线均出现应变软化现象。原状黄土抗拉强度大于重塑黄土的。重塑黄土抗拉强度随着初始干密度增大，呈非线性增加趋势。

　　（2）在劈裂试验过程中，荷载-位移关系曲线与位移矢量场和裂隙特征在阶段性划分中有明显的一一对应关系。借助 PIV 技术可观测到劈裂试验的压缩变形阶段、峰值过后裂隙开展阶段、裂隙发育成熟直至贯通破坏阶段。

　　（3）原状黄土劈裂破坏时仅产生 1 条倾斜主裂隙，次生裂隙不发育。重塑黄土劈裂破坏时主裂隙呈径向垂直，次生裂隙较发育，不同初始干密度重塑黄土的裂隙发育形态基本一致。

　　（4）在含水率、初始干密度相同的条件下，原状黄土的累计汞压入量曲线和孔径分布密度曲线均高于重塑黄土的。由此可知，虽然原状黄土的集聚体间孔隙比重塑黄土的多，但由于原状试样存在颗粒间的联结强度，具有明显的结构性，导致原状黄土的抗拉强度比重塑试样的高。随着初始干密度增加，相同含水率重塑黄土的累计汞压入量曲线向下移动，孔径分布密度曲线的峰值向左移动。集聚体间孔隙逐渐减小甚至消失，因而其抗拉强度随着初始干密度增大而增加。

第 3 章

基于 PIV 技术的粉土径向劈裂试验研究

3.1 概述

　　豫东区域为黄河冲积平原，粉土分布广泛，故常以粉土作为公路路基填筑料。由于粉土具有塑性指数低、黏结性小、施工时不易成型、强度低、水稳定性差、易冲刷等特点，因此在这些地区修筑的一些高等级公路，通车 2～3 年后经常出现路面开裂等早期破坏现象，严重影响了公路的使用性能，大大缩短了使用寿命。路基填筑粉土属于典型的非饱和土。在土工建筑物和结构物的修建中，土体强度问题关乎土体的稳定性和承载力。由于土体的抗拉强度很小，往往被忽略而不予考虑。但实际工程中，许多土工建筑物的破坏都与土体受张拉力有关，比如水力劈裂现象、机场路基的张拉裂缝等。因此研究非饱和粉土的抗拉强度及变形特性具有十分重要的现实意义。

3.2 试验土样

　　试验所取土样为豫东地区粉土，粉土土样基本物理性质指标见表 3-1，其颗粒分布曲线如图 3-1 所示。由土样的颗粒分布曲线可知粉粒含量高达 90% 以上。液限值为 24.5%，塑限值为 17.3%，塑性指数为 7.2，根据《土工试验方法标准》（GB/T 50123—2019）判定该土样为低液限粉土。

表 3-1　　　　　　　　　　粉土土样基本物理性质指标

液限 w_L /%	塑限 w_p /%	颗粒比重 G_s	塑性指数 I_p	最优含水率 w_{opt} /%	最大干密度 $\rho_{dmax}/(g/cm^3)$
24.5	17.3	2.7	7.2	17.2	1.72

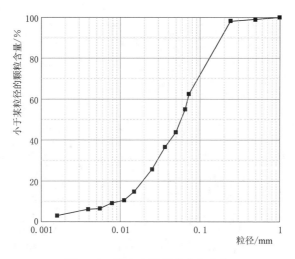

图 3-1 粉土土样颗粒分布曲线

3.3 试验方案

3.3.1 试验设备

试验设备由单轴土工拉伸试验装置和 PIV 照片采集系统组成。照片采集所用的 PIV 系统装置,包括泛光灯、CCD 高速相机、Davis8.0 系列软件及 PIV-View2C 等后处理软件。

单轴劈裂试验装置。试验所用加载系统为美国迈斯特公司研制的 CMT4000 型电子万能试验机,它包括加载设备和数据采集系统,对荷载、变形、位移的测量和控制具有较高的精度,可进行等速加载、等速变形、等速位移的自动控制。在加载系统基础上,又自行定制了劈裂试验所用 50mm×50mm 钢板及垫片,以消除拍摄照片中的阴影部分,使拍摄效果更佳。试验装置如图 3-2 所示。

3.3.2 试样制备

劈裂试验计划控制土体含水率为最优含水率,分别配置初始干密度为 1.46g/cm³、1.53g/cm³、1.62g/cm³ 和 1.70g/cm³ 的重塑试样。将试样配置好后,将其密封放置 24h,使土体内水分分布均匀,制成不同干密度的环刀试样。试样直径和高度分别为 6.18cm 和 2cm。

3.3.3 试验步骤

1. 劈裂试验

(1)首先进行相关试验参数的设定,以 1.3mm/min 的恒定速率拉伸试样,试验过程中的力和位移数据可通过位移光栅和压力传感器传送到计算机,直至

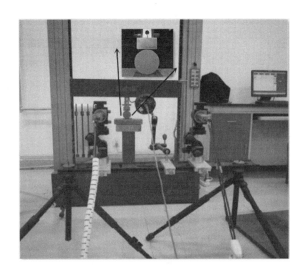

图 3-2 试验装置图

试样彻底破坏，结束试验。

（2）用 CCD 高速相机拍摄从加载直至破坏过程全程，拍摄频率为 4Hz。

（3）根据力-位移图像的关系，选择某一个阶段开始时刻和结束时刻对应的图片，用 PIVview2C 和 tecplot 软件对变形场分析，分别生成云图和矢量图。

2. 直剪试验

设置直剪试验的剪切速率为 0.8mm/min。

3. 微观试验

（1）采用 FD-1 型冷冻干燥机对吸力平衡的试样进行冷凝干燥预处理，使试样内部的水分升华，保留试样内部孔隙的原本结构。

（2）将预处理试样切成薄片，将其包裹上导电胶。

（3）随后采用 JBM-7500F 场发射扫描电镜对预处理试样进行显微组织分析。

3.4 试验结果分析

3.4.1 拉应力-拉应变关系曲线分析

不同初始干密度粉土试样拉应力-拉应变关系曲线如图 3-3 所示。从图 3-3 可知，抗拉强度随着干密度的增加而增大。由于干密度增加，土体内孔隙体积减小，土骨架颗粒之间的联系更加紧密。同时，颗粒间结合水膜吸力、分子引力以及范德华力均增加，从而导致抗拉强度的增加，这与张兰慧等的结论是一致的。根据拉应力-拉应变关系曲线及表观裂隙特征，可知不同干密度条件下粉土的劈裂试验可划分为 5 个不同阶段：OA 段，随着加载位移的增大，拉应力急剧升高；AB 段，在达到第一次峰值后开始下降，出现肉眼可见的微裂缝；BC 段，裂缝大小在持续扩张，拉应力继续减小，直至波谷，CD 段，由于粉土的接触面积不断增大，拉应力急剧增长，抗拉曲线出现第二次峰值；DE 段，试样出现抗拉破坏，拉应力开始减小。

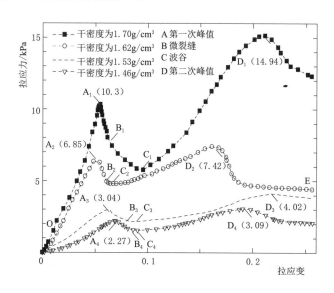

图 3-3　不同初始干密度粉土试样拉应力-拉应变关系曲线

3.4.2　位移矢量场分析

根据拉应力-拉应变关系曲线，选择相对应的开始时刻和结束时刻，通过 PIV view 2c 和 tecplot 软件处理高速摄像机拍摄的图片，得到粉土抗拉破坏过程的矢量场。不同初始干密度条件下粉土试样的抗拉破坏过程矢量场如图 3-4 所示。

由图 3-4（a）可得，抗拉曲线在第一次峰值前后，各试样的竖向位移均显著增加，其中初始干密度为 $1.46g/cm^3$ 及 $1.53g/cm^3$ 的试样几乎没有横向位移，初始干密度为 $1.62g/cm^3$ 的试样出现横向位移，初始干密度为 $1.70g/cm^3$ 的试样横向位移显著增加。该阶段仅发生压缩变形，未出现明显裂隙，因而干密度越大，横向位移越大。

由图 3-4（b）可得，峰值过后试样出现肉眼可见的微裂缝，不同初始干密度试样的竖向和横向位移均增加。相比 OA 段，各个试样的横向位移显著增加，肉眼可见的微裂缝开始出现。

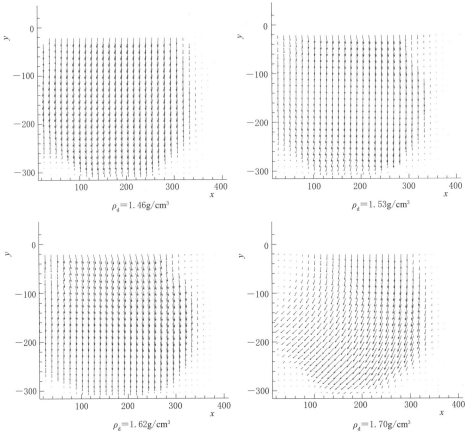

（a）OA 段矢量场变化

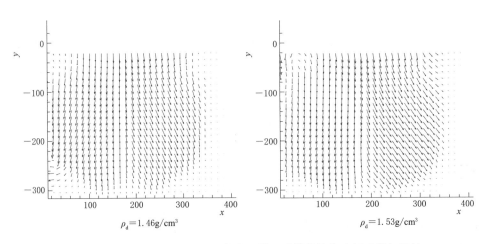

图 3-4（一） 不同初始干密度条件下粉土试样的抗拉破坏过程矢量场

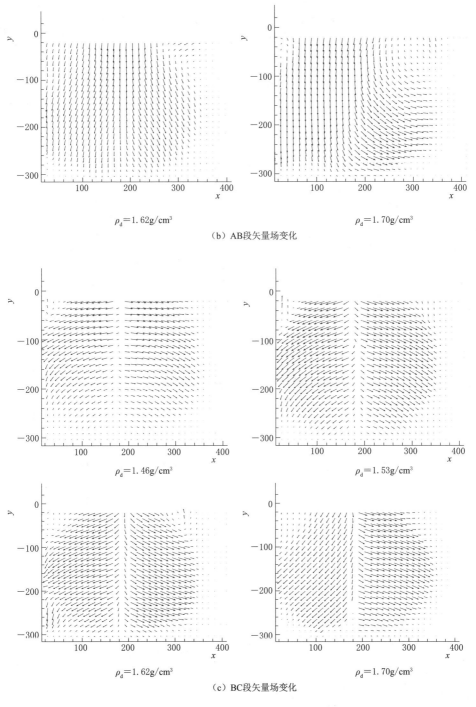

$\rho_{\mathrm{d}}=1.62\mathrm{g/cm^3}$ $\rho_{\mathrm{d}}=1.70\mathrm{g/cm^3}$

（b）AB段矢量场变化

$\rho_{\mathrm{d}}=1.46\mathrm{g/cm^3}$ $\rho_{\mathrm{d}}=1.53\mathrm{g/cm^3}$

$\rho_{\mathrm{d}}=1.62\mathrm{g/cm^3}$ $\rho_{\mathrm{d}}=1.70\mathrm{g/cm^3}$

（c）BC段矢量场变化

图 3-4（二） 不同初始干密度条件下粉土试样的抗拉破坏过程矢量场

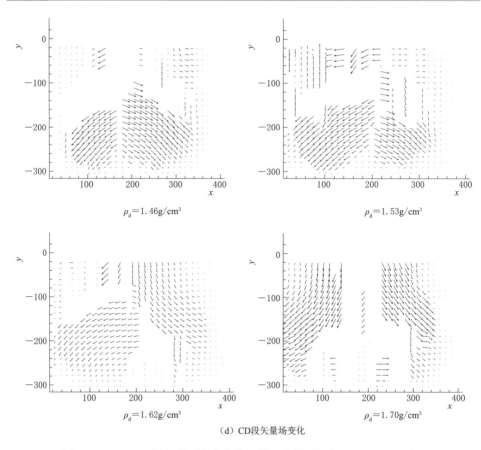

$\rho_d=1.46\text{g/cm}^3$

$\rho_d=1.53\text{g/cm}^3$

$\rho_d=1.62\text{g/cm}^3$

$\rho_d=1.70\text{g/cm}^3$

（d）CD 段矢量场变化

图 3-4（三）　不同初始干密度条件下粉土试样的抗拉破坏过程矢量场

由图 3-4（c）可得，在第一个波谷前后，各个初始干密度试样的横向位移均显著增加，土体扰动明显增强。且在出现裂缝之后，随着试样初始干密度的增加，横向位移与竖向位移夹角增大，竖向位移增大。初步考虑原因为：密实度较低的试样随着裂缝的持续扩张，横向位移显著增加，竖向位移变化不大；密实度高的试样横向位移和竖向位移均有所增加。

由图 3-4（d）可得，在抗拉曲线第二次峰值前后，由于变形位移过大，矢量场均出现空白区。并且初始干密度为 1.46g/cm³ 的试样空白区主要出现于试样上方，初始干密度为 1.53g/cm³ 的试样下方开始出现空白区，初始干密度为 1.62g/cm³ 的试样上方、下方均出现空白区，初始干密度为 1.70g/cm³ 的试样空白区主要出现在试样下方。说明随着试样的干密度增加，土体变得更加密实，因而试样破坏时下方的扰动会越来越大。

3.4.3　劈裂强度与黏聚力的关系

在相同含水率条件下，黏聚力和内摩擦角均随着初始干密度的增大而增大，这主要是由于：初始干密度的增加使颗粒与颗粒之间的接触更加紧密，土颗粒之间的距离减小，增大了土体之间的静电力、范德华力和胶结力，在强度指标上表现为土体有较大的黏聚力；随着干密度的增大，土颗粒之间交错排列，其至产生颗粒破碎，使土变得更加密实，而这些颗粒破碎、颗粒重新排列均需要外力对其做功，进而提高了土的咬合摩擦角。这与齐笛的结论是一致的。

土体的抗拉强度和黏聚力均来源于土体颗粒间的黏结，因而二者应该存在某种关系。非饱和粉土的抗剪强度和抗拉强度参数见表 3 - 2，整理表 3 - 2 中的数据发现试样的抗拉强度小于黏聚力，且抗拉强度 σ_t 与黏聚力 c 两者呈线性增长关系，其拟合公式为

$$\sigma_t = ac + b \qquad (3-1)$$

式中：σ_t 为抗拉强度；c 为黏聚力，kPa。

式（3-1）中，$a = 0.7388$，$b = 11.768$，线性拟合相关系数 $R^2 = 0.99$，这与朱安龙的研究结果是一致的。

表 3 - 2 非饱和粉土的抗剪强度和抗拉强度参数

初始干密度 /(g/cm³)	含水率 /%	抗剪强度		抗拉强度/kPa	
		黏聚力/kPa	内摩擦角/(°)	第一次峰值	第二次峰值
1.46	12.7	13.706	20.55	2.27	3.09
1.53	12.7	15.13	21.22	3.04	4.02
1.62	12.7	17.224	22.12	6.85	7.42
1.70	12.7	22.784	22.93	10.3	14.94

上述现象可以从以下角度进行解释：对含有粗粒土的粉土，颗粒间的咬合作用可以产生黏聚力，但不能产生抗拉强度；在破坏过程中，直剪试验使土颗粒发生相对位移，接触点增多，粒间距离缩短，从而联结力得到提高。而拉应力增加了土颗粒间的距离，减少了接触点的数目，且随着裂隙发展，颗粒间的联结作用不断减弱，因而抗拉强度 σ_t 小于黏聚力 c。

3.4.4 微观结构分析

不同初始干密度条件下粉土的扫描电子显微镜（SEM）图片如图 3 - 5 所示，放大倍数为 500 倍。由图 3 - 5 可知，随着初始干密度增加，大孔隙数量明显减少，土颗粒间的距离减小，从而颗粒与团聚体的相互作用得到增强，在强度指标上表现为试样的黏聚力增大，这与周乔勇等的结论是一致的；且随着初始干密度的增加，孔隙的方向混乱程度得到增加，从而使土体更加密实，强度得到加强。所以，在粉土的劈裂试验中，初始干密度最大的试样抗拉强度最高。

$\rho_d=1.46\text{g/cm}^3$ $\rho_d=1.53\text{g/cm}^3$

$\rho_d=1.62\text{g/cm}^3$ $\rho_d=1.70\text{g/cm}^3$

图 3-5　不同初始干密度条件下粉土的扫描电子显微镜（SEM）图片

3.5　本章小结

　　基于 PIV 技术，对不同初始干密度的粉土试样进行了直剪试验、劈裂试验以及扫描电子显微镜（SEM）试验，得到如下结论：

　　（1）在粉土抗拉破坏过程中，出现第一次峰值前后，试样仅发生压缩变形，因而各个试样的竖向位移均显著增加，初始干密度为 1.46g/cm³ 和 1.53g/cm³ 的试样几乎没有横向位移，初始干密度 1.62g/cm³ 的试样开始出现横向位移，初始干密度 1.70g/cm³ 的试样横向位移显著增加；峰值过后出现微裂缝，随着裂缝的持续扩张，横向位移和竖向位移均显著增加；在第二次峰值前后，因位移过大，矢量场均出现空白区，且随着干密度增加，空白区的区域逐渐向下转移。

（2）粉土试样的黏聚力随着干密度的增加而增加；非饱和粉土的抗拉强度随着黏聚力的增大而增大，二者基本呈线性关系。

（3）随着试样的干密度增加，大孔隙数量明显减少，土颗粒之间的距离减小，增大了土体之间的静电力、范德华力和胶结力，从而使土体强度得到加强。

第 4 章

基于 PIV 技术的膨胀土径向劈裂试验研究

4.1 概述

　　膨胀土是一种因自然气候的干湿交替作用而发生体积显著膨胀收缩、强度剧烈衰减而导致工程破坏并且含有膨胀性黏土矿物成分的非饱和土。膨胀土及其工程病害问题一直是当今国内外岩土工程领域始终没能得到妥善解决的世界性技术难题,有岩土工程界的"癌症"之称。膨胀土具有一般黏性土所没有的"三性"特征,即胀缩性、裂隙性和超固结性,对气候变化特别敏感,工程灾害频发。膨胀土引起的岩土工程问题广泛地分布于世界五大陆。膨胀土地区的路基工程由于路面上覆荷载低,且路基覆盖面积范围大,更易于受到膨胀土因季节、干湿变化引起的胀缩特性遭受破坏。以膨胀土作为地基的低层建筑,同样由于上覆荷载较小使得建筑遭受严重的破坏,如建筑物的倾斜、墙体出现大量的裂隙等。由于膨胀土受到多次季节的干湿循环所引起胀缩变形使得许多工程结构物遭受严重的破坏。我国南水北调工程建设就涉及大量的膨胀土问题。其中膨胀土渠道的稳定问题、穿黄工程的岩土工程问题最为复杂。膨胀土边坡稳定是岩土工程中一个传统的难题。自然气候导致的路基边坡土体开裂和降雨入渗引起的边坡浅层滑动是造成膨胀土边坡失稳破坏的主要原因。膨胀土的黏土矿物主要包括亲水性的蒙脱石和伊利石等,容易失水收缩,吸水膨胀,内部产生裂隙。干湿循环会使膨胀土反复发生胀缩变形,其抗拉强度会出现不同程度的衰减,因此在晴雨交替的环境中,膨胀土的裂隙发育加剧,容易产生路基不均匀沉降、边坡失稳等危害,存在长期的潜在危险。

4.2 试验土样

　　膨胀土土样取自河南省南阳市,与 Zhang 等使用的土样相似,但取自不同位置。膨胀土的液限为 52.7%,可塑性指数为 29。膨胀土土样基本物理性质指标见表 4-1。通过比重计法分析确定的膨胀土土样颗粒分布曲线如图 4-1 所示。土体由 21.1% 的黏土（$<2\mu m$）组成。根据 USCS 土壤分类，南阳地区的膨胀土为 CL 级。

表 4-1　　　　　　　　　**膨胀土土样基本物理性质指标**

天然含水率 w /%	风干含水率 w_0 /%	最优含水率 w_{op} /%	最大干密度 $\rho_{dmax}/(g/cm^3)$
18.0	4.9	24.4	1.69

相对密度 G_S	液限 w_L /%	塑限 w_p /%	塑性指数 I_p /%	自由膨胀率 δ_{ef} /%
2.76	52.7	23.7	29	49

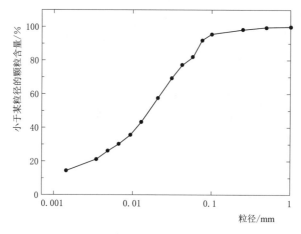

图 4-1　膨胀土土样颗粒分布曲线

4.3　试验方案

4.3.1　试验设备

为了研究膨胀土的抗拉强度，采用图 2-2 所示的带有 PIV 测试系统的径向劈裂试验设备，其中包含照片采集系统和加载系统。照片采集系统，包括高速工业相机、光源及 Davis8.0 系列软件。试验所用试样的初始尺寸直径 $d_0=$ 6.18cm，高度 $h_0=2$cm。由美国迈斯特公司生产的 CMT4000 型电子万能试验机是此次试验中的加载系统，包括了加载设备和数据采集系统。根据试验需求设置参数，万能试验机可自动进行等速加载。由于 LVDT 变形传感器和加载设备同时采集信息，可认为试样变形与加载设备施加的荷载协同进行。

采用滤纸法测量膨胀土的土-水特征曲线，主要用到 Whatman No.42 圆形滤纸（直径为 70mm）、密闭容器（乐扣盒）、保湿缸以及 FA2004N 型高精度电子天平。

4.3.2　试样制备

首先将土样过 2mm 筛，然后将其与蒸馏水混合，一共制备了 7 组样品，含水率分别控制为 10%、12%、14%、16%、18%、20% 和 22%。将土样在密闭的容器中存放 96h，使土样内水分混合均匀。最后将土样放入环刀模具中，经压实制成初始干密度分别为 1.35g/cm³、1.50g/cm³ 和 1.65g/cm³ 的环刀试样。试样直径和高度分别为 6.18cm 和 2cm。

4.3.3　试验步骤

滤纸法测量吸力试验操作步骤为：

（1）吸力平衡。首先将三张干燥滤纸（100℃±5℃ 烘箱中烘干 16h 以上，在干燥器中冷却）对齐放置在干燥乐扣盒底部，三张滤纸中间的一张可以得到基质吸力，试样上方的滤纸可以得到总吸力；然后从下至上再依次放入试样、铁丝网（避免上层滤纸被试样污染）、1 张干燥滤纸；最后将乐扣盒密封好放入保湿缸中，在恒温恒湿的环境中放置 7～10 天等待平衡。

（2）计算吸力。吸力平衡后，首先用镊子依次将滤纸取出放置于电子天平上称量滤纸质量，然后分别将滤纸进行烘干，再次用天平依次称量滤纸，得到烘干前后的质量差，进而得到吸力平衡后滤纸的含水率。所有称量滤纸质量的过程必须迅速，以避免空气湿度对其的影响。根据率定公式计算得到基质吸力及总吸力。

基质吸力为

$$\begin{cases} \lg s = 2.909 - 0.0299 w_f & w_f \geqslant 47 \\ \lg s = 4.945 - 0.0673 w_f & w_f < 47 \end{cases} \tag{4-1}$$

总吸力为

$$\begin{cases} \lg \varphi = 8.778 - 0.222 w_f & w_f \geqslant 26 \\ \lg \varphi = 5.31 - 0.0879 w_f & w_f < 26 \end{cases} \tag{4-2}$$

式中：s 为基质吸力；φ 为总吸力；w_f 为滤纸的含水率。

径向劈裂试验以恒定速率进行，竖向加载速度为 1.4mm/min。试验过程中同步监测拉伸荷载和位移。

4.4　试验结果分析

4.4.1　土-水特征曲线分析

具有不同初始干密度的膨胀土土-水特征曲线（SWCC）如图 4-2 所示。含水率和饱和度均随着吸力的增加而降低。

如图 4-2（a）所示，土-水特征曲线随着初始干密度的增加而向左下方移动。初始干密度对土-水特征曲线的影响非常明显，特别是在低吸力状态下，相同吸力下含水率随初始干密度的增加而降低。当吸力大于 104kPa 时，初始干密

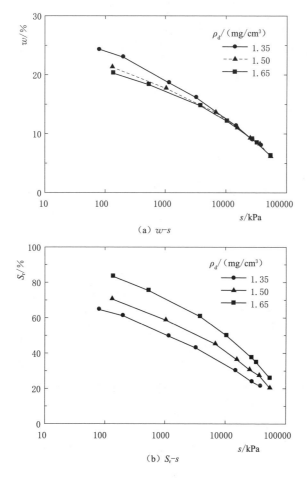

图 4-2　膨胀土土-水特征曲线

度对土-水特征曲线的影响不明显。

　　如图 4-2（b）所示，土-水特征曲线随着初始干密度的增加而向右上方移动。在全吸力范围内，初始干密度对土-水特征曲线的影响非常明显，在相同的吸力条件下，饱和度随初始干密度的减小而减小。

4.4.2　荷载-位移关系曲线分析

　　不同含水率试样初始干密度对荷载与位移关系曲线的影响如图 4-3 所示。对于塑性土，劈裂试验中荷载与位移之间的关系表现为双峰现象。但在第二峰值阶段，土体已经发生了较大的塑性变形，这说明研究抗拉强度的意义不大。因此，主要应关注第一峰值阶段的曲线。

　　图 4-3 的结果也表明，初始干密度对土体抗拉强度的影响非常明显。在相同含水率条件下，峰值荷载随着初始干密度的增加而增加。当试样含水率为 10%

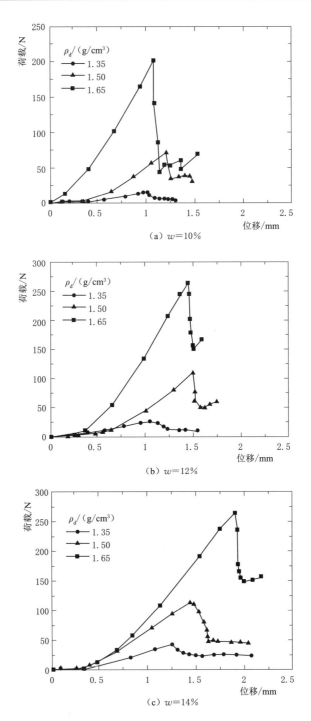

（a）w=10%

（b）w=12%

（c）w=14%

图 4-3（一）   不同含水率试样初始干密度对荷载与位移关系曲线的影响

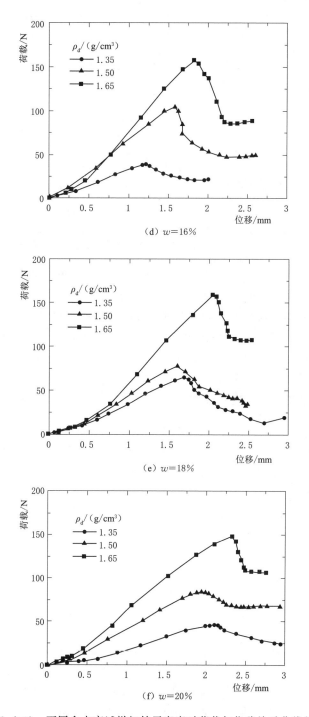

（d）$w=16\%$

（e）$w=18\%$

（f）$w=20\%$

图 4-3（二）　不同含水率试样初始干密度对荷载与位移关系曲线的影响

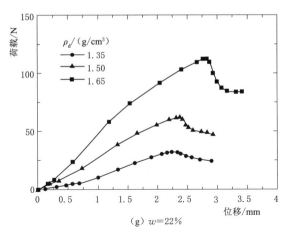

（g）$w=22\%$

图 4-3（三）　不同含水率试样初始干密度对荷载与位移关系曲线的影响

时，随着初始干密度分别从 1.35g/cm^3 增加到 1.50g/cm^3 和从 1.35g/cm^3 增加到 1.65g/cm^3，平均峰值荷载分别增加 322.1% 和 1065.7%。这是因为试样初始干密度较高时，土颗粒之间接触更紧密，并且液桥的数量增加，从而导致峰值荷载增加。特别是对于含水率较低的膨胀土，这种试验现象更为明显。

当试样的初始干密度从 1.35g/cm^3 增加到 1.50g/cm^3 和从 1.50g/cm^3 增加到 1.65g/cm^3 时，峰值荷载平均增加百分比如图 4-4 所示，随着含水率的增加，峰值荷载的平均增加百分比降低。

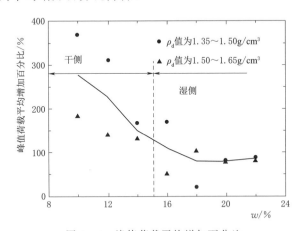

图 4-4　峰值荷载平均增加百分比

在不同的初始干密度条件控制下，含水率对荷载与位移关系曲线的影响如图 4-5 所示。图中可以看出，随着含水率的增加，试样的峰值荷载先增大后减小。当荷载与应力之间的关系曲线达到第一峰值时，所需的位移基本上随含水率的增加而增加。当初始干密度为 1.35g/cm^3 时，该区域的含水率从约 10% 增加到18%时峰值荷载一直呈增加趋势，而含水率从18%增加到22%时峰值荷载呈减小趋势。但是，当初始干密度为 1.50g/cm³ 和 1.65g/cm³ 时，该区域的含水率从约10%增加到14%时峰值荷载一直呈增加趋势，而含水率从14%增加到22%时峰值荷载呈减小趋势。此外，含水率越低，曲线达到第一峰值时的斜率越大，表明低含水率压实膨胀土的脆性更加明显。

非饱和土的抗拉强度与吸力之间存在密切的函数关系。由于土体在干燥过程中受到干燥条件的影响，吸力增大，从而提高了土体的抗拉强度。根据图 4-5 中荷载与位移的关系可以得到峰值荷载特性曲线。不同初始干密度试样的峰值荷载特性曲线（PLCC）和土-水特征曲线（SWCC）如图 4-6 所示。

由图 4-6 可知，峰值荷载特征曲线为单峰曲线且受含水率影响，Tang 等也得到了类似的结果。初始干密度分别为 1.35g/cm³、1.50g/cm³ 和 1.65g/cm³ 试样的最大峰值荷载（65.5N、114.2N、263.9N）对应的临界含水率 w_c （17.9%、14.1%、13.0%）可由图 4-6 确定。当含水率小于临界含水率时，峰

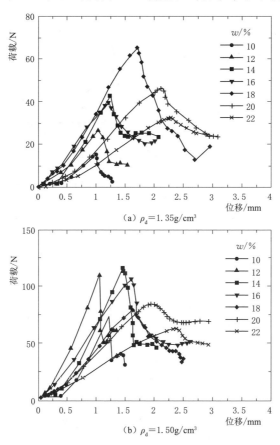

图 4-5（一）　含水率对荷载与位移关系曲线的影响

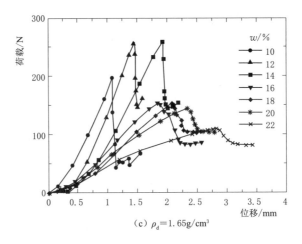

（c）$\rho_d = 1.65\text{g/cm}^3$

图 4-5（二）　含水率对荷载与位移关系曲线的影响

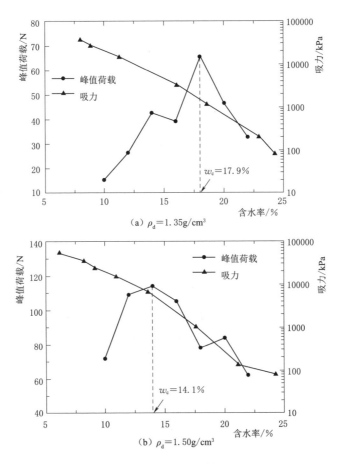

（a）$\rho_d = 1.35\text{g/cm}^3$

（b）$\rho_d = 1.50\text{g/cm}^3$

图 4-6（一）　不同初始干密度试样的 PLCC 和 SWCC

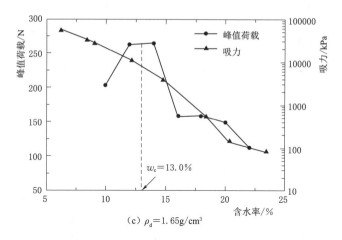

图 4-6（二）　不同初始干密度试样的 PLCC 和 SWCC

值荷载随着含水率的增加而增大；但当含水率较高时，峰值荷载随含水率的增加而减小。

考虑微观结构随含水率的变化。大部分水在低含水率状态时储存在集料孔隙中，很难形成液桥。当含水率达到临界含水率时，大多数接触点都出现了液桥。随着含水率的进一步增加，颗粒间的液桥会逐渐消失。而土体的抗拉强度主要取决于土颗粒之间的液桥。以上是图 4-6 中试验现象产生的原因。

初始干密度为 1.50g/cm³ 时的荷载-位移曲线如图 4-7 所示，不同含水率的压实膨胀土的荷载-位移曲线可以分为 4 个阶段：OA 段，应力接触调整阶段（Ⅰ），这是由上部和下部的应力集中引起的；AB 段，应力近似线性增加阶段（Ⅱ），其中荷载基本上随着位移的增加而线性增加，直到达到峰值（即抗拉强度）；BC 段，拉伸破坏阶段（Ⅲ），试样开始破坏，曲线达到峰值点后急剧下降；CD 段，残余阶段（Ⅳ），其中试样出现明显的裂隙，曲线迅速下降至零，试样随后显示一定的残余强度。随着应力的增加，裂隙继续扩展，至完全破坏。

图 4-8 表明初始干密度对抗拉强度具有非常明显的影响，同一含水率状态下的膨胀土抗拉强度随着初始干密度的增大而增大。

4.4.3　位移矢量场分析

将试验过程中拍摄的图像与施加荷载前立即拍摄的初始图像进行对比分析。运用 PIV 和 DIC 技术可以对试样的变形情况进行追踪研究。初始干密度为 1.50g/cm³，不同含水率试样的裂隙扩展情况及其位移矢量场如图 4-9 所示。含水率分别处于低含水率周围（即 $w=10\%$）、临界含水率（$w_c=14\%$）以及高含水率周围（即 $w=22\%$）。

施加的载荷经历 AB 段（近似直线）后，达到峰值应力点 B 时没有出现明

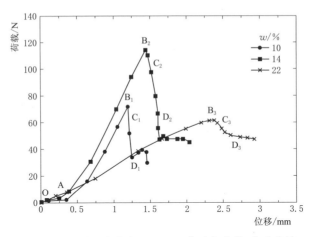

图 4 - 7　初始干密度为 1.50g/cm³ 时的荷载-位移曲线

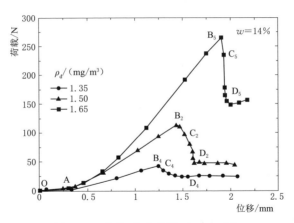

图 4 - 8　荷载-位移曲线（$w=14\%$）

显的裂隙。荷载下降到 C 点后，开始出现裂隙，然后荷载急剧下降到 D 点。由图 4 - 9 的位移向量场可知，由于土体的可塑性，B 点试样仅发生压缩变形，未形成明显的裂隙。在峰值过后，C 点开始出现裂隙，位移矢量场对称分布在劈裂面的两侧。在 D 点，荷载降低到波谷处，并且裂隙开始贯通。由于位移过大，通过 PIV 技术获得的位移矢量场显示为空白区域。此外，上述现象随着含水量的增加先增加后减小，这在临界含水率（$w_c=14\%$）状态下最明显，完成 Ⅱ ～ Ⅳ 阶段所需的时间随着含水率的增加显示出相似的趋势。

　　将试验期间拍摄的图像与施加拉伸荷载之前拍摄的初始图像进行对比分析。采用 PIV 和 DIC 技术对变形过程进行追踪研究。含水率为 14% 时，不同初始干密度试样的裂隙扩展情况及其位移矢量场如图 4 - 10 所示，初始干密度分别为 1.35g/cm³、1.50g/cm³ 和 1.65g/cm³。

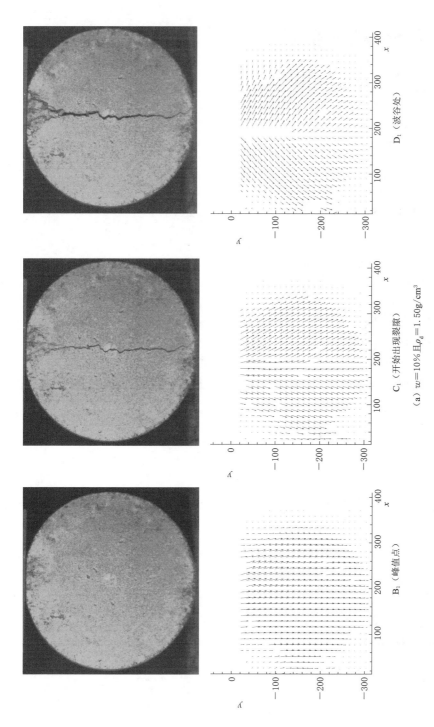

B_1（峰值点）　　　　　　　C_1（开始出现裂隙）　　　　　　D_1（波谷处）

（a）$w=10\%$ 且 $\rho_d=1.50\text{g/cm}^3$

图 4-9（一）　不同含水率试样的裂隙扩展情况及其位移矢量场

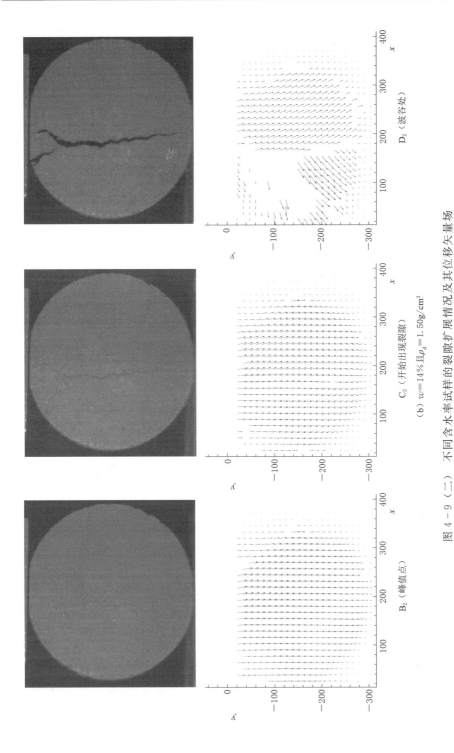

图 4 - 9 (二) 不同含水率试样的裂隙扩展情况及其位移矢量场
(b) $w=14\%$ 且 $\rho_d=1.50\text{g/cm}^3$

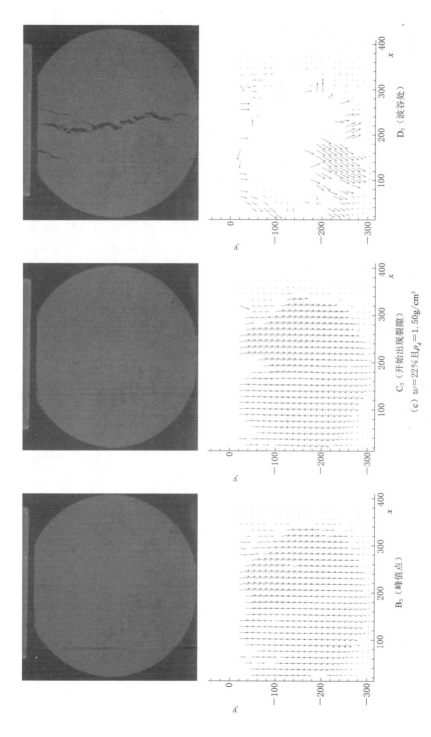

图 4 - 9 （三）　不同含水率试样的裂隙扩展情况及其位移矢量场

(c)　$w=22\%$ 且 $\rho_d=1.50\mathrm{g/cm^3}$

B₃（峰值点）　　C₃（开始出现裂隙）　　D₃（波谷处）

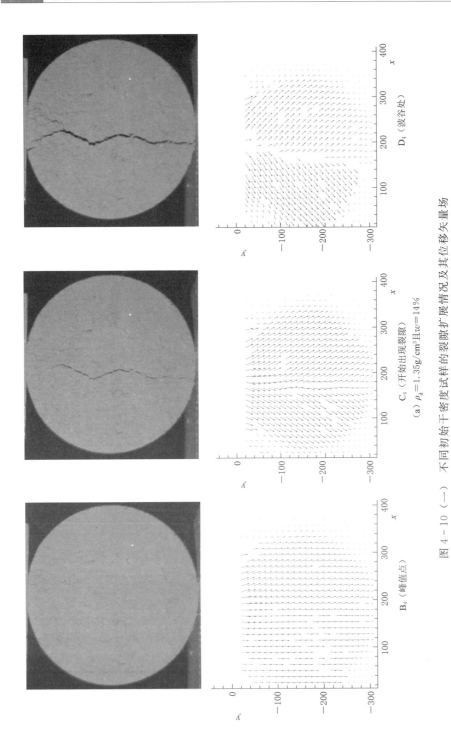

图 4-10（一）　不同初始干密度试样的裂隙扩展情况及其位移矢量场

(a) $\rho_d = 1.35\text{g/cm}^3$ 且 $w = 14\%$

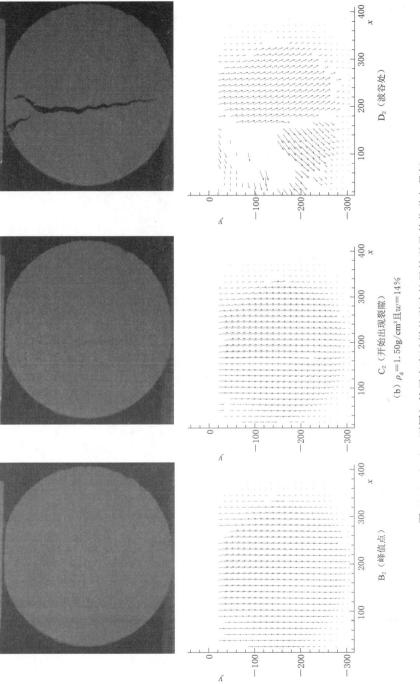

D₂ (波谷处)

C₂ (开始出现裂隙)

(b) ρ_d=1.50g/cm³且 w=14%

B₂ (峰值点)

图 4-10 (二) 不同初始干密度试样的裂隙扩展情况及其位移矢量场

59

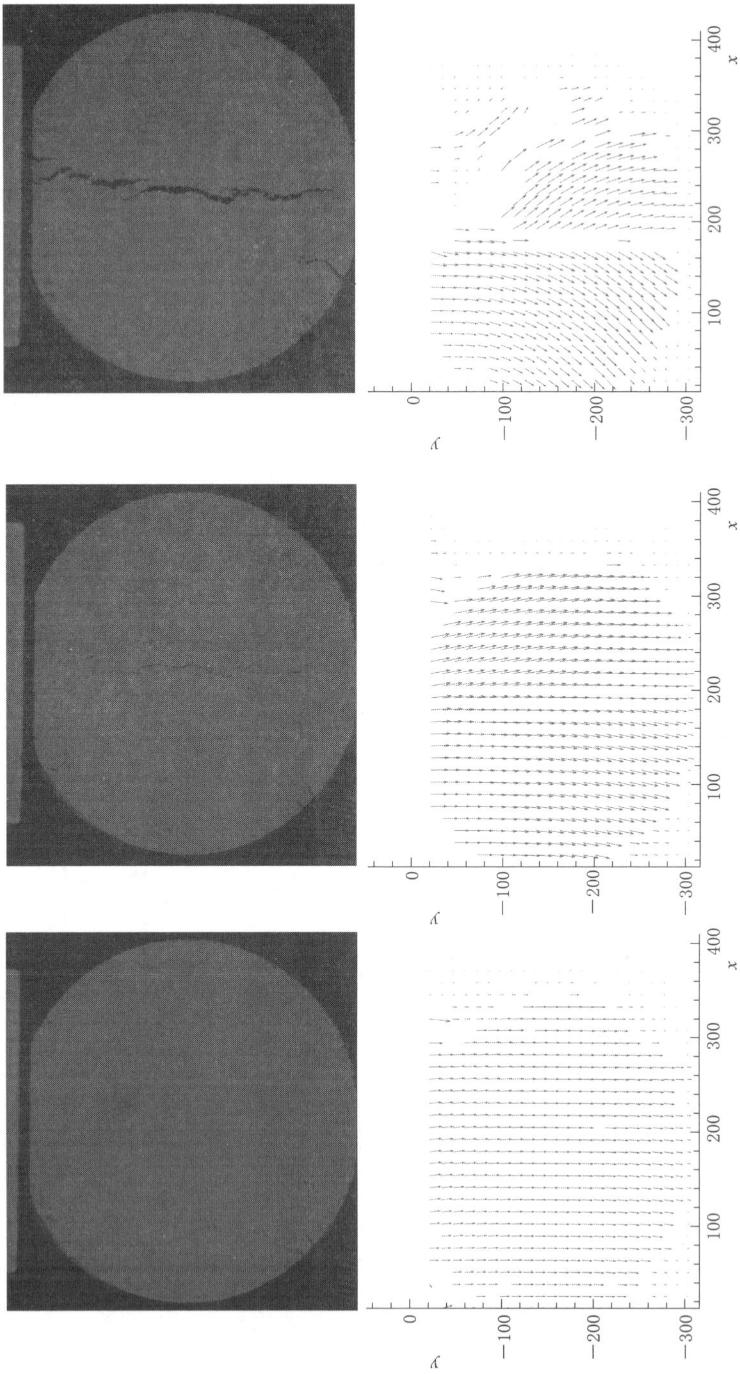

图 4-10 (三) 不同初始干密度试样的裂隙扩展情况及其位移矢量场

(c) $\rho_d = 1.65 \text{g/cm}^3$ 且 $w = 14\%$

　　在相同含水率条件控制下，位移矢量场的主方向与主要裂隙之间的夹角随干密度的增加而减小，尤其是在 C 点处最为明显。上述现象可能是由于试样随着干密度的增加而变得越来越硬、试样的横向位移减小而引起的。对于具有不同含水率（10%～22%）的其他试样，也观察到类似的试验现象。

4.5　本章小结

　　采用自行设计的径向劈裂试验装置和 PIV 系统对压实非饱和膨胀土的抗拉强度进行研究，主要研究了含水率和初始干密度对抗拉强度的影响，并采用 PIV 和 DIC 技术分析了试验过程中位移矢量场的变化。主要结论如下：

　　（1）根据绘制的峰值荷载-位移关系曲线，可将径向劈裂试验过程分为应力接触调整阶段（Ⅰ）、应力近似线性增加阶段（Ⅱ）、拉伸破坏阶段（Ⅲ）和残余阶段（Ⅳ）。

　　（2）含水率和初始干密度对压实膨胀土的抗拉性能有明显影响。当含水率小于临界含水率时，抗拉强度随着含水率的增加而增加。当含水率大于临界含水率时，抗拉强度随含水率的增加而降低。具有相同含水率的试样，其峰值荷载随干密度的增大而增大，低含水率时的峰值荷载更明显。

　　（3）当试样荷载达到峰值时，没有发现裂隙，仅发生压缩变形。首先在峰值过后，开始出现裂隙，位移矢量场在劈裂面的两侧呈对称分布。然后荷载迅速降低，试样被破坏。因为破坏位置的位移太大，位移矢量场显示为空白区域。此外，上述现象随着含水率的增加先增加后减小，在临界含水率（即 $w=14\%$）状态时最明显。随着含水率的增加，完成 B—C—D 阶段所需的时间也具有类似的趋势。

　　（4）运用 PIV 和 DIC 技术分析试验过程中的变形，并得到各个阶段的位移矢量场。在相同含水率条件控制下，位移矢量场的主方向与主要裂隙之间的夹角随干密度的增加而减小，特别是当出现裂隙时夹角最大。上述现象是由于试样随着干密度的增加而变得越来越硬、试样的横向位移减小而引起的。因而可以确定拉伸位移和主要位移矢量场的方向，反映了土体拉伸应力的分布特征。

第 5 章

基于 PIV 技术的膨润土抗拉强度及其预测

5.1 概述

膨润土因具有良好的吸附性、膨胀特性以及极低的渗透特性，故被选作我国高放废料深地质处置库中的缓冲回填材料。

预制压实膨润土砌块的湿度会受到季节和天气的影响，从而发生变化。在运往处置库工程现场进行贮存、放置以及安装的过程中，预制压实膨润土砌块需要绑扎起吊，某些部位可能会受到拉应力的作用产生拉张裂隙，裂隙会为核废料或渗漏液提供迁移通道，进而对地下水和地质环境产生威胁。土体的强度特性、渗透性和整体稳定性受其饱和状态的影响显著。因此系统研究膨润土的持水特性、直接拉伸强度、劈裂强度以及拉张裂隙的扩展过程，可为高放废料深地质处置库工程的设计和施工提供重要的试验数据和科学指导建议。

5.2 试验土样

本试验采用的原料土是取自四川仁寿县经人工去湿钠化而成的钠基膨润土，如图 5-1 所示，钠基膨润土呈灰白色、粉末状。钠基膨润土的颗粒级配曲线如图 5-2 所示。

北京北达燕园微构分析测试中心对此次试验膨润土的具体矿物成分进行沉积岩中黏土矿物和非黏土矿物定性定量分析。X 衍射谱图分析表明四川仁寿钠基膨润土的主要矿物为蒙脱石（78.9%），次要矿物为伊利石（4.1%）、石英（10%）、方英石（3%）和白云石（4%），膨润土的矿物成分见表 5-1。蒙脱石属于黏土矿物，并且其含水量受环境湿度影响极易发生变化，因此膨润土具有明显的膨胀特性。

图 5-1 四川仁寿钠基膨润土

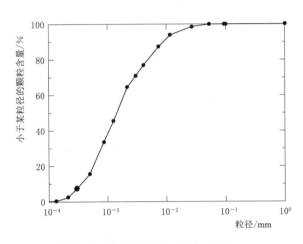

图 5-2 钠基膨润土的颗粒级配曲线

表 5-1 膨 润 土 的 矿 物 成 分

蒙脱石/%	伊利石/%	石英/%	白云石/%	方英石/%
78.9	4.1	10	4	3

此次试验所用膨润土液限为 227.3%，塑性指数为 184.62%，属于高液限土。膨润土土样基本物理性质指标见表 5-2。

表 5-2 膨润土土样基本物理性质指标

液限 w_p/%	塑限 w_L/%	塑性指数 I_p/%	比重
227.3	43.08	184.62	2.75

5.3　膨润土的持水特性试验研究

5.3.1　试验介绍

1. WP4C 仪

试验采用由美国 Wescor 公司生产的 WP4C 露点水势仪（简称 WP4C 仪），其测量原理为通过平衡样品的液相水和封闭样品室头部的气相水并测量样品室头部的蒸气压来测量水势。样品水势与空气蒸气压关系为

$$\psi = \frac{RT}{M} \cdot \ln \frac{P}{P_0} \tag{5-1}$$

式中：ψ 为水势；P 为空气蒸气压；P_0 为样品温度的饱和蒸气压；R 为气体常数，取 8.31J/(mol·K)；T 为样品绝对温度；M 为水的分子量，取 18.016g/mol。

WP4C 仪实物如图 5-3 所示，测量时主要用到主机、不锈钢样品杯两部分。WP4C 仪具有通用、操作简便、快速准确的特点。测定模式包括精确模式（Precise Mode）、连续模式（Continuous Mode）、快速模式（Fast Mode）。分别采用三种模式，对相同土样进行吸力量测，误差不到 1%，因此在保证试验效率和质量的前提下，本书采用快速模式。

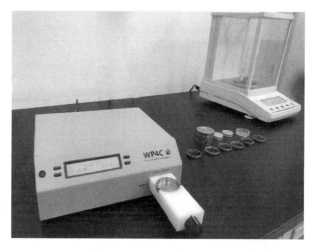

图 5-3　WP4C 仪实物图

WP4C 仪试验操作规程如下：

（1）试样准备。将烘干膨润土碾碎过 2mm 土壤筛，添加水量至目标含水率（$w = 20\%$），将散土放入保湿缸中静置 3~4 天，让土样内部水分充分运移、均匀分布后，采用小环刀制样器制备试样。制样时根据初始干密度分别为 1.4g/cm³、

1.5g/cm³、1.6g/cm³，使用电子天平称取目标质量的散土。将称取的散土放置于小环刀中，利用液压千斤顶压实成样。小环刀制样器及试样如图 5 - 4 所示，试样高度为 7mm，直径为 33mm。

在脱湿过程中，以 2.5％为梯度，设计目标含水率分别为 20％、17.5％、15％、12.5％、10％、7.5％、2.5％。将试样放在室内自然风干至目标含水率后用保鲜膜包裹，放入保湿缸中等待 24h，使土样混合均匀。含水率达到 7.5％后烘干土样，取出后在室内

图 5 - 4　小环刀制样器及试样

保存 2h，再用保鲜膜包裹并放入保湿缸内保存，使其温度降至室温，含水率变化至 2.5％。在吸湿过程中，以含水率 2.5％为起点，采用同样的目标含水率，求出试样达到目标含水率时的注水量，采用水膜转移法分次滴水，定量将水注入试样。

（2）吸力量测。将达到目标含水率的试样放在样品杯中，待样品匣与试样的温差达到负值后，将样品匣螺旋旋转到"OPEN/LOAD"位置，当 WP4C 仪左上角的绿色 LED 指示灯连续闪烁并鸣提 4 次，则说明示数已稳定，可以读数。

（3）体积换算。读过数后用游标卡尺分别测量试样的高度和直径 3 次，取平均值进行体积换算。

2. 滤纸法

滤纸法量测吸力主要用到 Whatman No.42 圆形滤纸（直径为 70mm）、密闭容器（乐扣盒）、保湿缸以及 FA2004N 型高精度电子天平。具体操作流程如下：

（1）试样准备。采用静压法，使用大环刀制样器将达到目标含水率，水分均匀分布的散土制成压实样，高度、直径分别为 61.8mm、20mm。制样时初始干密度分别为 1.4g/cm³、1.5g/cm³、1.6g/cm³，目标含水率控制为 7％、9％、11％、13％、15％、17％、19％、21％。

（2）吸力平衡。首先将三张干燥滤纸（100℃＋5℃烘箱中烘干 16h 以上，随后在干燥器中冷却）对齐放置在干燥乐扣盒底部，三张滤纸中间的一张可以得到基质吸力，试样上方的滤纸可以得到总吸力。之后从下至上依次放入试样、铁丝网（避免上层滤纸被试样污染）、一张干燥滤纸。最后将乐扣盒密封好放入保湿缸中，在恒温恒湿的环境中放置 7～10 天进行平衡。

（3）计算吸力。吸力平衡后，首先用镊子依次将滤纸取出放置于电子天平上称量滤纸质量，然后分别将滤纸进行烘干，再次用天平依次称量滤纸，得到烘干前后的质量差，进而得到吸力平衡后滤纸的含水率。所有称量滤纸质量的过程必须迅速，以避免空气湿度的影响。最后根据率定公式计算得到基质吸力、总吸力。

3. 压力板法

试验采用的是美国 Soilmoisture 公司生产的 15bar 压力板仪，压力板仪实物如图 5-5 所示。压力板仪使用压缩机作为气压源，气压调节的精度取决于压力调节器。分别将低压调节器、高压调节器用于 0～500kPa、500～1500kPa，这样就可以在低压范围内发挥"双重调节"的作用。

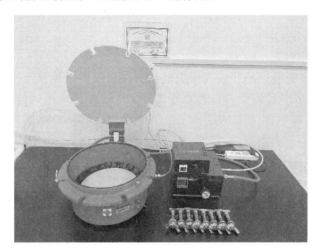

图 5-5　压力板仪实物图

试验操作流程如下：

（1）试样准备。首先制备初始干密度分别为 1.4g/cm³、1.5g/cm³、1.6g/cm³ 的试样，将装有试样的饱和器放入真空缸中。然后利用抽气机将缸内以及土体中的气体抽除，注入清水直至淹没饱和器，停止抽气后将引水管取出空气进入真空缸，静置 24h，使试样饱和。最后称取饱和试样的质量。

（2）放置试样。放置试样前，润湿压力板持续数小时，使压力板饱和。将土样放入压力板仪中，使土样和陶瓷板接触良好，将压力板密封好。以 5kPa、15kPa、50kPa、100kPa、200kPa、400kPa 逐级施加气压，等土样在该气压下排水基本稳定再加下一级，其判断未定的标准是排水体积 0.1mL/d。

（3）绘制土-水特征曲线。等最后一级气压施加完毕，土样排水结束后，迅速称量土样的总质量。将称过总质量后的土样烘干，得到干土样。由最后测定的土样含水量反推在压力板仪中对应不同气压值的含水量（因为每次称得的土样的总质量减去干土质量就是水的质量）。根据土样的气压值和对应的土样含水率就可绘制土-水特征曲线。

4. 微观结构研究

试验采用静压法制备 4 个初始干密度为 1.4g/cm³，初始含水率为 35％的环刀试样，分别放置于饱和盐溶液蒸汽平衡器中，4 种饱和盐溶液分别为 K_2SO_4、NaCl、NaBr、$MgCl_2 \cdot 6H_2O$，控制的高吸力点分别为 3.29MPa、38MPa、71.1MPa、149MPa。静置平衡至试样质量不再发生变化，即可视为吸力平衡。采用 FD-1 型冷冻干燥机对吸力平衡的试样进行冷凝干燥预处理，使试样内部的水分升华，保留试样内部孔隙的原本结构。将预处理试样切成薄片，将其包裹上导电胶，随后采用 JBM-7500F 场发射扫描电镜对预处理试样进行显微组织分析。

5.3.2 试验结果及分析

1. WP4C 仪测量的土-水特征曲线

WP4C 仪测得压实膨润土在不同初始干密度条件下的土-水特征曲线。初始干密度为 1.4g/cm³ 的压实膨润土含水率与吸力的关系曲线、饱和度与吸力的关系曲线、孔隙比与吸力的关系曲线如图 5-6 所示。土样的含水率、饱和度和孔隙比均随着吸力的增加而减小，随着吸力的降低而增加。

脱湿曲线与吸湿曲线均存在不同程度的滞回效应。由于不同大小的孔隙及相互连通的孔隙喉道间的尺寸存在差异性，土样的含水率、饱和度与吸力的关系曲线中，脱湿曲线总是高于吸湿曲线。在土体吸湿过程中，由于孔隙以及与其相贯通的喉道间存在尺寸差异（类似"瓶颈"），孔隙水在涌入孔隙的过程中自然面临着瓶颈的约束而难以进入，但脱湿过程中孔隙水不受瓶颈的影响，从而导致在相同吸力下吸湿过程时的含水率以及饱和度小于脱湿过程的。这种现象称之为"瓶颈效应"。

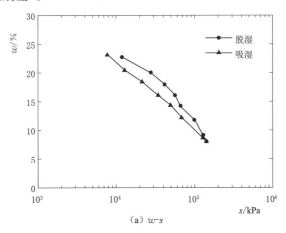

(a) $w-s$

图 5-6（一）　初始干密度为 1.4g/cm³ 时压实膨润土的土-水特征曲线

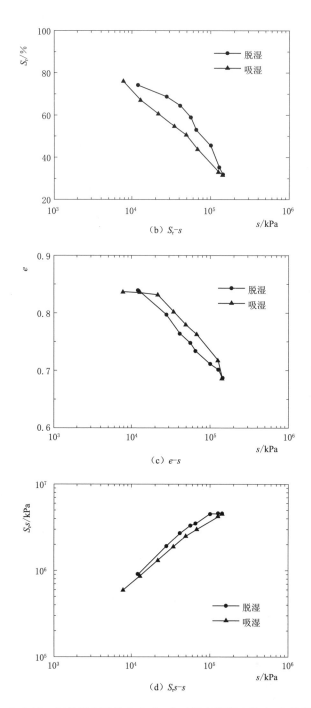

（b）S_r-s

（c）e-s

（d）$S_r s$-s

图 5-6（二）　初始干密度为 1.4g/cm³ 时压实膨润土的土-水特征曲线

与上述变化规律不同，孔隙比与吸力关系的吸湿曲线高于脱湿曲线。主要原因可以从非饱和土体的平均骨架应力来考虑。非饱和土体的平均骨架应力 σ'_{ij} 表达式为

$$\sigma'_{ij} = \sigma_{ij} - u_a\delta_{ij} + S_r s\delta_{ij} \tag{5-2}$$

式中：σ_{ij} 为总应力张量；u_a 为孔隙气压力；S_r 为饱和度；s 为吸力；δ_{ij} 为 Kronecker 符号；$\sigma_{ij} - u_a\delta_{ij}$ 为净应力张量。

由于 WP4C 仪测量土-水特征曲线是在零净围压条件下开展的，因此 $\sigma_{ij} - u_a = 0$，从而式（5-2）可化简为

$$\sigma'_{ij} = S_r s\delta_{ij} \tag{5-3}$$

由图 5-6（d）可知，平均骨架应力与吸力表示的脱湿曲线在吸湿曲线的上方，即吸力相同时，脱湿过程的平均骨架应力大于吸湿过程的平均骨架应力，因此脱湿过程的孔隙小于吸湿过程孔隙。

初始干密度为 1.5g/cm³ 及 1.6g/cm³ 时压实膨润土的土-水特征曲线如图 5-7、图 5-8 所示。

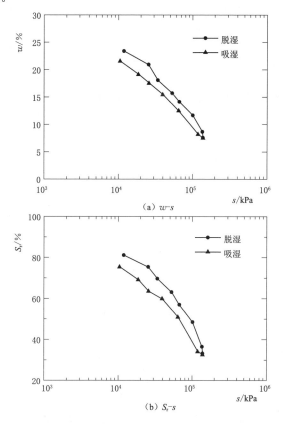

（a）$w\text{-}s$

（b）$S_r\text{-}s$

图 5-7（一）　初始干密度为 1.5g/cm³ 时压实膨润土的土-水特征曲线

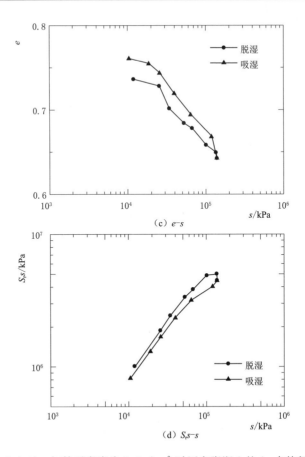

（c）e-s

（d）$S_r s$-s

图 5-7（二） 初始干密度为 1.5g/cm^3 时压实膨润土的土-水特征曲线

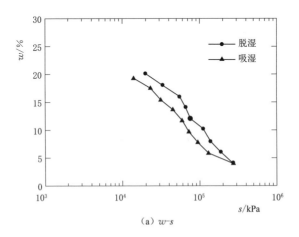

（a）w-s

图 5-8（一） 初始干密度为 1.6g/cm^3 时压实膨润土的土-水特征曲线

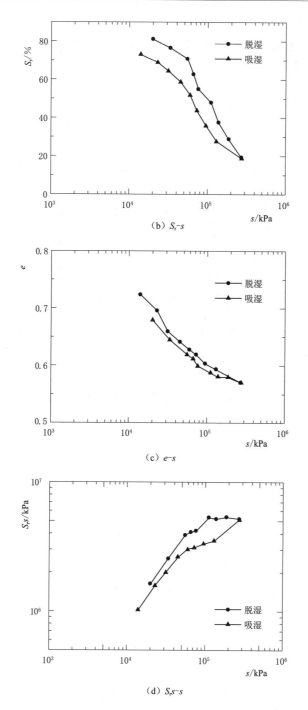

（b）S_r-s

（c）e-s

（d）$S_r s$-s

图 5-8（二）　初始干密度为 1.6g/cm³ 时压实膨润土的土-水特征曲线

2. 滤纸法测量的土-水特征曲线

滤纸法测得的初始干密度分别为 1.4g/cm^3、1.5g/cm^3、1.6g/cm^3 的压实膨润土的土-水特征曲线如图 5-9 所示。

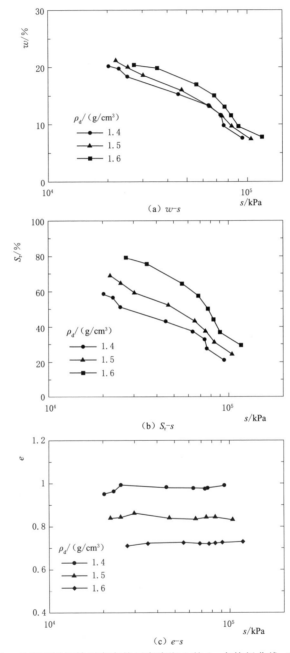

图 5-9　具有不同初始干密度的压实膨润土的土-水特征曲线（滤纸法）

　　如图 5 - 9（a）、图 5 - 9（b）所示，含水率、饱和度均随着吸力的增大而减小。含水率 w、饱和度与吸力的关系曲线均随着初始干密度的增大向右上偏移。如图 5 - 9（c）所示，相同初始干密度的压实膨润土孔隙比随吸力的变化不明显，其变化趋势近乎一条水平线。孔隙比与吸力的关系曲线随着初始干密度的增大向下平移。

　　3. 压力板法测量的土-水特征曲线

　　不同初始干密度压实膨润土的土-水特征曲线（压力板法）如图 5 - 10 所示，含水率、饱和度及孔隙比均随着吸力的增大而减小。含水率与吸力的曲线随初始干密度的减小向右上方偏移。饱和度与吸力的曲线随着初始干密度的增大向右上方产生偏移。孔隙比与吸力的关系曲线随初始干密度的减小向右上方偏移。

　　4. 微观结构分析

　　初始干密度为 1.4g/cm^3 时，不同吸力状态下压实膨润土的扫描电子显微镜（SEM）图片如图 5 - 11 所示。放大倍数为 200 的 SEM 图片中：①当吸力为

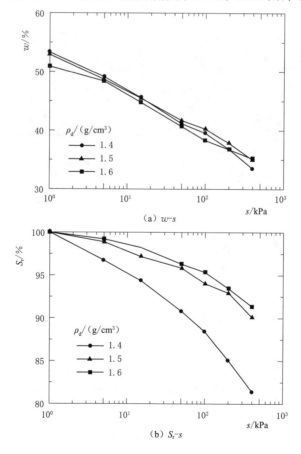

图 5 - 10（一）　不同初始干密度压实膨润土的土-水特征曲线（压力板法）

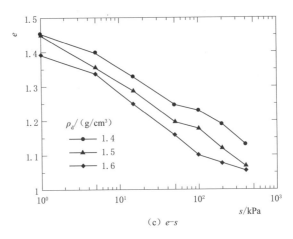

（c）e-s

图 5-10（二） 不同初始干密度压实膨润土的土-水特征曲线（压力板法）

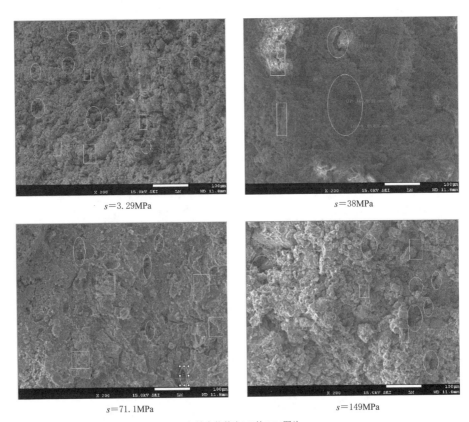

（a）放大倍数为200的SEM图片

图 5-11（一） 不同吸力状态下压实膨润土的 SEM 图片

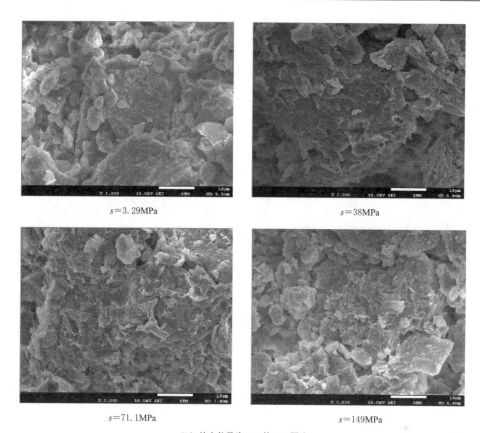

$s=3.29\text{MPa}$　　　　　　　　　　　　$s=38\text{MPa}$

$s=71.1\text{MPa}$　　　　　　　　　　　　$s=149\text{MPa}$

（b）放大倍数为2000的SEM图片

图 5-11（二）　不同吸力状态下压实膨润土的 SEM 图片

3.29MPa（含水率为30％）时，膨润土土体孔隙直径基本小于 $50\mu\text{m}$，孔隙数量很多，颗粒呈团状，颗粒间接触方式主要为点-面接触、线-面接触；②当吸力为 38MPa（含水率为16％）时，土体孔隙直径基本为 $100\mu\text{m}$，个别孔隙大于 $100\mu\text{m}$，孔隙数量减少，颗粒间的团聚现象比较明显，颗粒间的接触方式主要为面-面接触；③当吸力为 71.1MPa（含水率为10％）时，集聚体间的吸附作用更加明显，孔隙直径均小于 $50\mu\text{m}$，土体颗粒边界轮廓并不明显，整体呈块状，结构牢固，接触方式为面-面接触；④当吸力增加为 149MPa（含水率为6％）时，土体间的孔隙数量增加，孔隙直径范围为 $20\sim100\mu\text{m}$，颗粒呈团状，颗粒间的接触方式主要为点-面接触。

放大倍数为 2000 的 SEM 图片，不同吸力状态下压实膨润土的颗粒排列方式差异明显。其中：①当吸力为 3.29MPa（含水率为30％）时，微小土颗粒以架空状态附着于大颗粒上；②吸力增大为 38MPa（含水率为16％）时，颗粒以架空-镶嵌方式排列；③当吸力为 71.1MPa（含水率为 10%）时，集聚体演化为凝块状，小颗粒镶嵌在大颗粒间；④随着吸力进一步增加，吸力为 149.5MPa（含水率为 6%）时，颗粒以架空-镶嵌方式排列，部分小颗粒架空附着在凝块集聚体上，部分小颗粒镶嵌在集聚体间。

5.3.3　土-水特征曲线的预测

　　土-水特征曲线常用的预测模型包括 BC 模型、VG 模型以及 Fredlund - Xing 模型。运用 WP4C 仪、滤纸法以及压力板法，得到初始干密度分别为 1.4g/cm^3、1.5g/cm^3、1.6g/cm^3 的压实膨润土在不同吸力范围内的土-水特征曲线。本章利用 Fredlund - Xing 模型对压力板法及 WP4C 仪获得的试验数据进行拟合分析，通过分析不同初始干密度时拟合参数的变化，就可以预测不同初始干密度状态下压实膨润土的土-水特征曲线。

　　Fredlund - Xing 模型用饱和度和吸力可以表示为

$$S_r = 100 \times \frac{1 - \ln(1 + s/S_{re})/\ln(1 + 10^6/S_{re})}{[\ln(2.718 + (s/a)^n)]^m} \tag{5-4}$$

式中：S_r 为饱和度；s 为吸力；S_{re} 为残余吸力；a，n，m 为拟合参数。

　　采用 Fredlund - Xing 模型拟合不同初始干密度压实膨润土的土-水特征曲线如图 5-12 所示。

　　不同初始干密度膨润土的 SWCC 拟合参数见表 5-3，拟合度均大于 0.95，表明拟合效果较好。随着初始干密度的增大，拟合参数 a 线性增大，拟合参数 n、m 均为 0.5。初始干密度与拟合参数 a 的关系曲线如图 5-13 所示，可表示为

$$a = 31140\rho_d - 43284 \tag{5-5}$$

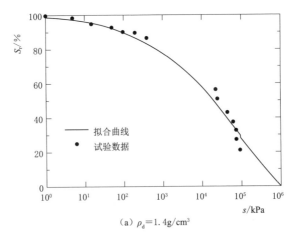

(a) $\rho_d = 1.4\text{g/cm}^3$

图 5-12（一）　拟合不同初始干密度压实膨润土的土-水特征曲线

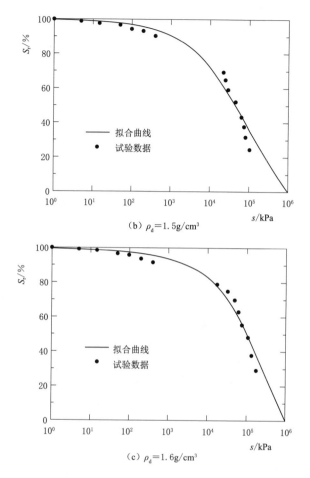

（b）$\rho_d = 1.5 \text{g/cm}^3$

（c）$\rho_d = 1.6 \text{g/cm}^3$

图 5-12（二）　拟合不同初始干密度压实膨润土的土-水特征曲线

表 5-3　　　　　　　　　　**不同初始干密度膨润土的 SWCC 拟合参数**

初始干密度 /(g/cm³)	拟 合 参 数			拟合度 R^2
	a	n	m	
1.4	288	0.5	0.5	0.977
1.5	3475	0.5	0.5	0.967
1.6	6516	0.5	0.5	0.968

　　根据 Fredlund-Xing 模型，联合式（5-4）、式（5-5）以及 $n=0.5$、$m=0.5$，即可预测具有不同初始干密度的压实膨润土在全吸力范围内的土-水特征曲线。

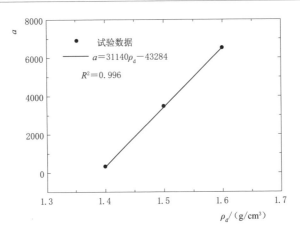

图 5-13　初始干密度与拟合参数 a 的关系曲线

5.4　膨润土的直接拉伸试验研究

5.4.1　基于 PIV 技术的直接拉伸试验装置

为了便于试验开展，直接拉伸试验采用立式加载模具，模具整体为矩形，内部凹槽呈 8 字形，是土样填充的区域。立式加载模具实物如图 5-14 所示。模具设计为上下两部分，上半部分利用销钉与万能试验机的加载移动架固定，下半部分与载物台相连。通过万能试验机的加载移动架可以将拉力传递给模具上半部分，进而传递给试验试样，万能试验机的数据采集系统会采集拉伸过程中的位移和轴向拉力。

土的抗拉强度较小，因此制样后脱模很容易对试样产生扰动。设计的这套模具结合制样功能、拉伸功能，极大地减少对试样的扰动。在制样、安装过程中，左右两侧安装对称的螺杆固定上下两部分。咬合凸起设计为左右对称，可以保证试验过程中拉力的轴向传递。螺母固定制样底板，方便制样以及安装过程中试样不被扰动。

在模具正式投入使用之前，开展了预试验，测试了相同初始干密度（1.4g/cm³）和含水率（$w=7\%$）

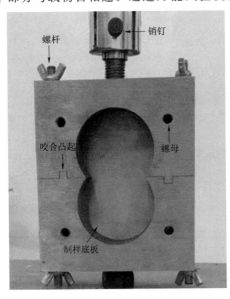

图 5-14　立式加载模具实物图

的 2 个平行试样的直接拉伸强度。预试验应力-位移曲线如图 5-15 所示，2 个平行试样进行直接拉伸试验得到的抗拉强度分别为 28.6kPa、29.4kPa，误差在可接受范围内，且应力-位移曲线的整体趋势基本相似，因此采用此模具进行拉伸试验是可靠的。

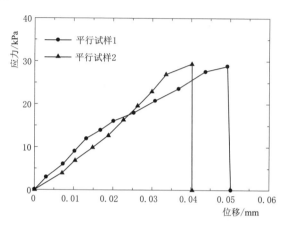

图 5-15　预试验应力-位移曲线

　　直接拉伸试验用到的粒子图像测试系统由照片采集系统和加载系统组成。由高速 CCD 相机、Davis8.0 系列软件及补光灯组成照片采集系统。CMT4000 型电子万能试验机包含了本次试验的测量系统、驱动系统以及控制系统。

　　通过电脑界面设置万能试验机实现等速位移控制。数值测量采用 LVDT 变形传感器和放大器采集信息，通过数据处理系统呈现加载过程中的应力-位移曲线，试样变形与加载设备施加的荷载协同进行。基于 PIV 技术的直接拉伸试验装置如图 5-16 所示。

5.4.2　试验方案

　　试验采用重塑膨润土，将烘干膨润土碾碎过 2mm 土壤筛，添加水量至目标含水率，将其放入恒温恒湿的保湿缸中，静置至水分均匀分布后，即可制备试样。制备直接拉伸试样时，称取目标干密度对应质量的散土，采用特制的拉伸仪制样模具分 3 层静压制样，每层进行刮毛处理。制样模具同时也是加载夹持模具，土样填充形状为 8 字形。制样时根据设计的初始干密度以及含水率，使用电子天平称取目标质量的散土。将称取的散土放置于 8 字形凹槽中，利用液压千斤顶压实成样。本次试验设计初始干密度为 1.4g/cm³、1.5g/cm³、1.6g/cm³。目标含水率控制为 7%、10%、13%、16%。根据初始干密度、含水率的不同设定了 3 组共 12 种不同的试样，每种试样含 2 个平行试样。直接拉伸试验方案见表 5-4。

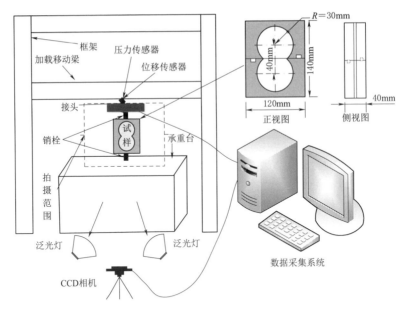

图 5-16　基于 PIV 技术的直接拉伸试验装置

表 5-4　　　　　　　　　　　　　直接拉伸试验方案

试验组号	初始干密度 $\rho_d /(\mathrm{g/cm^3})$	含水率 $w/\%$
L1	1.4	7、10、13、16
L2	1.5	7、10、13、16
L3	1.6	7、10、13、16

5.4.3　试验步骤

（1）将拉伸夹具及试样一端连接于移动架上，另一端固定于载物台，设置加载方式为拉向。确定传感器另一端与数据采集系统连接良好。设置控制方式为位移控制。经过预试验确定加载速率为 1.4mm/min，因为在加载速率为1.4mm/min 时，PIV 系统可以详细记录拉张裂隙的不同阶段。

（2）根据试样位置，调整 CCD 相机位置，确保整个试样出现在视野中央。调节相机焦距，确保照片的清晰度。调整泛光灯的位置，满足 CCD 相机的曝光需求。

（3）将加载模具左右两端的固定销栓以及制样底板取下，确保试样不被扰动。

（4）在 PIV 照片采集系统内设置拍照频率为 7 张/s，照片总张数为 1500张。照片采集系统和加载系统同时开始，当试样出现明显破坏现象后同时结束。

（5）将试样破坏后的上半部分取出称重，方便计算拉应力，称重记录如图5-17 所示。

（6）将应力-位移曲线划分不同的阶段，选取对应时刻拍摄的照片。用 PIV 分析系统对不同阶段的照片进行对比处理，调整相关参数，形成裂隙发育过程中的位移矢量图。

5.4.4　试验结果及分析

1. 应力-位移关系曲线分析

直接拉伸试验过程中的拉应力为

$$\sigma_t = \frac{F - mg}{S} \times 10^4 \qquad (5-6)$$

式中：σ_t 为拉应力，kPa；F 为万能试验机采集的轴向拉力，kN；m 为断裂试样以及模具上半部分的质量，kg；g 为重力加速度，取值为 $9.81\mathrm{m/s^2}$；S 为断裂面面积，经计算取值为 $17.89\mathrm{cm^2}$。

图 5-17　称重记录

经过对每组试验数据的处理和分析，用 SMA4WINE 软件绘制出初始干密度为 $1.4\mathrm{g/cm^3}$、$1.5\mathrm{g/cm^3}$、$1.6\mathrm{g/cm^3}$，含水率分别为 7%、10%、13%、16% 的膨润土直接拉伸试验应力-位移关系曲线，如图 5-18 所示。

直接拉伸试验应力-位移关系曲线可以划分为 3 个不同的阶段：OE 段，结构调整阶段，试样内部结构发生调整，曲线斜率近乎不变，拉应力随着位移增大而逐渐增大；EF 段，微裂隙产生阶段，试样内部趋于密实，该阶段斜率大于上一阶段，在此阶段达到应力峰值，试样局部结构发生破坏，产生微裂隙；FG 段，裂隙贯通阶段，拉应力迅速从峰值跌落至零，试样中央清晰可见的裂隙迅速贯通试样，导致其完全破坏。

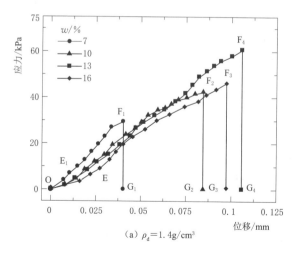

(a) $\rho_d = 1.4\mathrm{g/cm^3}$

图 5-18（一）　膨润土直接拉伸试验应力-位移关系曲线

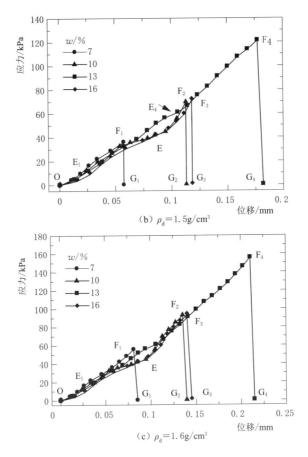

图 5-18（二） 膨润土直接拉伸试验应力-位移关系曲线

　　当初始干密度相同时，不同含水率压实膨润土直接拉伸试验应力-位移关系曲线在刚开始加载的局部微调阶段（OE）基本一致，而在随后的峰值阶段（EF）、急剧跌落阶段（FG）呈现出差异性。

　　含水率的测试范围为 7%～16%，初始干密度的测试范围为 1.4～1.6g/cm³ 时，直接拉伸试样的抗拉强度在 29～97kPa 幅度范围内变化。同一初始干密度的压实膨润土的抗拉强度均随着含水率先增大后减小，在含水率为临界含水率（w_c=13%）时的抗拉强度达到最大值。相同含水率的压实膨润土抗拉强度随其初始干密度的增大而增大，直接拉伸试验抗拉强度与含水率、初始干密度的关系如图 5-19 所示。

　　结合扫描电子显微镜（SEM）试验的结果，含水率小于临界含水率 w_c 时，孔隙数量随着含水率的增加而减小，颗粒间的接触方式由点-面接触、线-面接触向面-面接触过渡。颗粒的排列方式由架空方式向架空-镶嵌方式、镶嵌方式

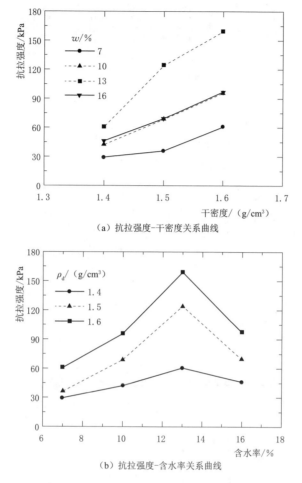

（a）抗拉强度-干密度关系曲线

（b）抗拉强度-含水率关系曲线

图 5-19　直接拉伸试验抗拉强度与含水率、初始干密度的关系

过渡。随着含水率的进一步增加，孔隙数量以及直径均有增加，颗粒间的接触方式过渡为点-面接触，排列方式转变为架空-镶嵌方式。因此抗拉强度随着含水率先增大后减小。

2. 位移矢量场分析

直接拉伸试验过程中，高速相机拍照记录的频率为 7 张/s，试验时控制万能试验机与高速相机协同开始，经过计算可以对应应力-位移关系曲线得到实时照片。利用 PIV 系统自带的 Strain Master 模块对所得照片进行处理分析，得到其应变矢量场。

初始干密度为 1.4g/cm³ 时不同含水率压实膨润土的直接拉伸裂隙扩展情况及其位移矢量场如图 5-20 所示。含水率为 7% 时，E 点在拉应力作用下，

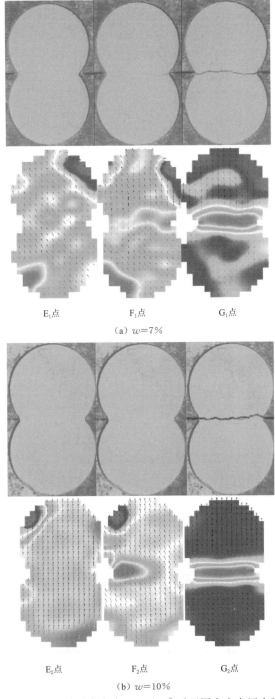

E_1点 F_1点 G_1点

（a）$w=7\%$

E_2点 F_2点 G_2点

（b）$w=10\%$

图 5 - 20（一） 初始干密度为 1.4g/cm³ 时不同含水率压实膨润土的
直接拉伸裂隙扩展情况及其位移矢量场

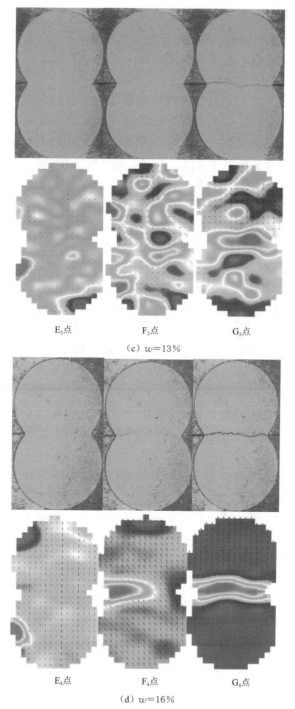

E₃点　　　　F₃点　　　　G₃点

（c）$w=13\%$

E₄点　　　　F₄点　　　　G₄点

（d）$w=16\%$

图 5-20（二）　初始干密度为 1.4g/cm³ 时不同含水率压实膨润土的
直接拉伸裂隙扩展情况及其位移矢量场

试样内部结构微调，试样下半部分矢量箭头朝向左上方，右上方的矢量箭头向右；F 点拉应力达到峰值时，裂隙从试样中间右端出现，矢量箭头基本都竖直向上；G 点试样完全破坏，裂隙从右至左完全贯通，试样上半部分矢量箭头依旧竖直向上，下半部分矢量不明显。

含水率为 10% 时，E 点在试样内部矢量箭头竖直向上；F 点拉应力达到峰值时，裂隙从试样中间左端出现，矢量箭头基本都竖直向上；G 点试样完全破坏，裂隙从右至左完全贯通，试样内部矢量箭头方向与含水率为 7% 时 G 点一致，上半部分矢量箭头依旧竖直向上，下半部分矢量不明显。

含水率为 13% 时，E 点在试样内部矢量不明显；F 点出现细微裂缝，内部结构受到扰动，矢量不均匀分布；G 点试样的拉张裂隙明显从右至左完全贯通，试样内部矢量箭头方向与含水率为 7% 时 G 点一致，上半部分矢量箭头依旧竖直向上，下半部分矢量不明显。

含水率为 16% 时，E 点在试样内部矢量箭头方向一致向上；F 点试样中间左端出现裂缝，内部结构受到扰动，矢量箭头朝向左上方；G 点试样的拉张裂隙从左至右完全贯通，试样上半部分矢量箭头竖直向上，下半部分矢量不明显。

初始干密度分别为 1.5g/cm^3、1.6g/cm^3 时不同含水率压实膨润土的直接拉伸裂隙扩展情况及其位移矢量场如图 5-21、图 5-22 所示。由高速相机原图展示的直接拉伸裂隙扩展情况可以得出，在近似线性的 OE 段，试样没有出现明显裂隙；在达到拉应力峰值点 F 时，试样中间部分出现微小裂隙；峰值过后应力急剧跌降至 G 点，拉伸裂隙在试样中间贯通，试样彻底破坏，基本均匀地分为上下两部分。

观察位移矢量场可知，不同初始含水率压实膨润土试样的裂隙分布和发育过程非常一致。E 点因试样内部结构发生微小变化，局部产生了微小位移，矢量箭头可以观察到位移方向；拉应力峰值 F 点，高速相机原图显示试样中间形成微裂隙，对应为位移矢量场的应变较大区域。裂隙尖端即最大破坏端对应的应变值最大，此时，试样局部结构发生破坏；紧接着试样表面的宏观裂隙清晰可见，伴随拉应力迅速降低，裂隙两侧出现明显的位移差，并且位移方向基本与裂隙垂直，矢量箭头基本竖直向上，拉张裂隙呈现水平状态。位移矢量场显示水平端部应变较大，已经形成潜在贯通裂隙，土样结构大部分发生破坏，拉应力迅速降至 0。G 点试样上下分离，此时，试样上半部分的矢量箭头竖直向上，下半部分矢量基本不明显。说明裂隙已经完全水平贯通，将试样几乎均匀分为上下两部分。下半部分不再承受拉应力，上半部分随加载架移动，此时土体结构完全破坏。

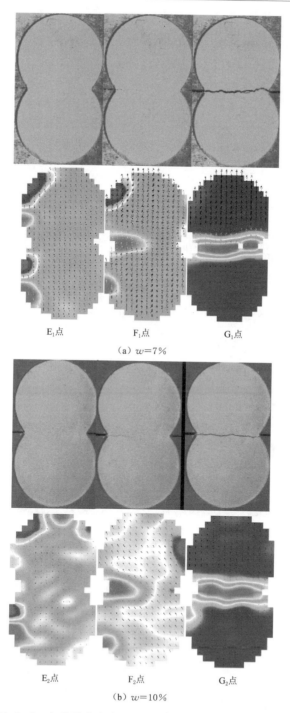

E₁点　　　　　　F₁点　　　　　　G₁点

（a）$w=7\%$

E₂点　　　　　　F₂点　　　　　　G₂点

（b）$w=10\%$

图 5 - 21（一）　初始干密度为 $1.5\mathrm{g/cm^3}$ 时不同含水率压实膨润土的
直接拉伸裂隙扩展情况及其位移矢量场

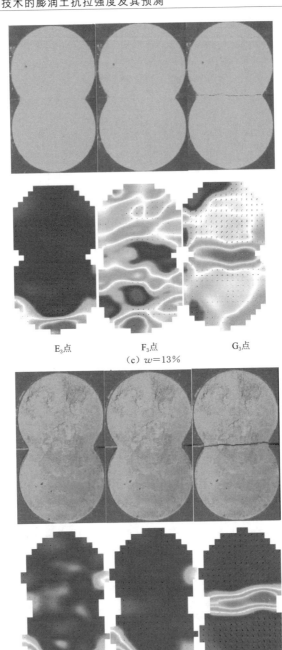

E₃点　　　　　　　F₃点　　　　　　　G₃点

(c) $w=13\%$

E₄点　　　　　　　F₄点　　　　　　　G₄点

(d) $w=16\%$

图 5-21（二）　初始干密度为 $1.5\mathrm{g/cm^3}$ 时不同含水率压实膨润土的
直接拉伸裂隙扩展情况及其位移矢量场

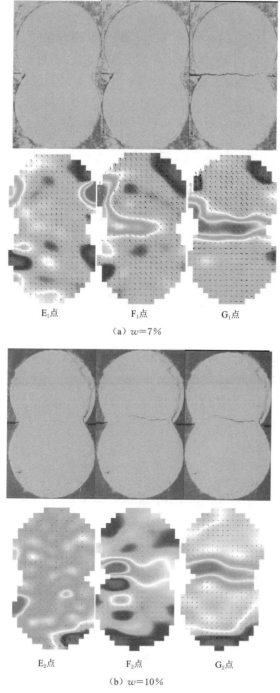

E₁点　　　　F₁点　　　　G₁点

（a）$w=7\%$

E₂点　　　　F₂点　　　　G₂点

（b）$w=10\%$

图 5-22（一）　初始干密度为 1.6g/cm^3 时不同含水率压实膨润土的
　　　　　　　直接拉伸裂隙扩展情况及其位移矢量场

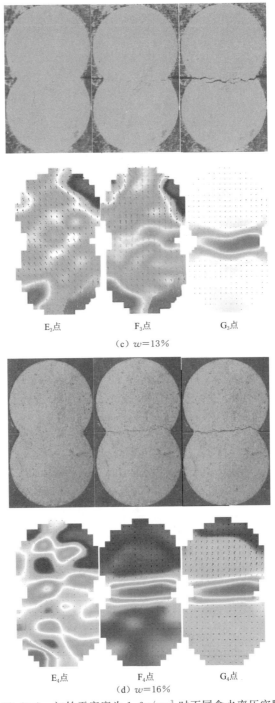

E₃点   F₃点   G₃点

（c）w=13%

E₄点   F₄点   G₄点

（d）w=16%

图 5-22（二） 初始干密度为 1.6g/cm³ 时不同含水率压实膨润土的
直接拉伸裂隙扩展情况及其位移矢量场

5.5　膨润土的劈裂试验研究

5.5.1　试验方案

膨润土采用的基于 PIV 技术的劈裂试验设备示意见图 2-2。劈裂试样制备采用重塑膨润土，将烘干膨润土碾碎过 2mm 土壤筛，添加水量至目标含水率，在恒温恒湿的环境中静置至散土内部水分均匀。采用环刀制样器制备劈裂试验所用的圆柱状试样，试样直径和高度分别为 6.18cm 和 2cm。制备试样的初始干密度以及含水率与直接拉伸试样一致，使用电子天平称取目标质量的散土，利用液压千斤顶静压成样。

本次试验设计初始干密度为 $1.4g/cm^3$、$1.5g/cm^3$、$1.6g/cm^3$，目标含水率控制为 7%、10%、13%、16%。根据初始干密度、含水率的不同设定了 3 组共 12 种不同的试样，每种试样含 2 种平行试样。劈裂试验方案见表 5-5。初始干密度为 $1.6g/cm^3$，含水率分别为 7%、10%、13%、16% 的压实膨润土试样如图 5-23 所示，试样随着含水率增加，颜色逐渐加深。

表 5-5　　　　　　　　　　劈　裂　试　验　方　案

试验组号	初始干密度 $\rho_d/(g/cm^3)$	含水率 $w/\%$
P1	1.4	7、10、13、16
P2	1.5	7、10、13、16
P3	1.6	7、10、13、16

5.5.2　试验步骤

（1）将试样放置于载物台上，设置加载方式为压向。确定传感器与电脑连接良好。设置控制方式为位移控制。加载速率与直接拉伸试验保持一致，将其设置为 1.4mm/min，因为在加载速率为 1.4mm/min 时，PIV 系统可以详细记录拉张裂隙的不同阶段。

（2）根据试样位置，调整 CCD 相机位置，确保整个试样出现在视野中央。调节相机焦距，确保照片的清晰度。调整泛光灯的位置，满足 CCD 相机的曝光需求。

（3）在 PIV 照片采集系统内设置拍照频率为 7 张/s，照片总张数为 1500 张。

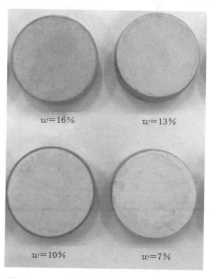

图 5-23　不同含水率压实膨润土试样
$(\rho_d = 1.6g/cm^3)$

照片采集系统和加载系统同时开始，当试样出现明显破坏现象后同时结束。

（4）将破坏后的试样收集起来，称取烘干后的质量，方便反算试样的实际含水率。

5.5.3　试验结果及分析

1. 应力-位移关系曲线分析

劈裂试验应力-位移关系曲线如图 5-24 所示，存在 4 个不同的阶段：OA段，应力-位移关系曲线斜率逐渐增大；AB 段，线性阶段，曲线斜率几乎不变，处于弹性变形阶段，达到应力峰值；BC 段，随着位移的微量增加，应力-位移关系曲线急剧跌落，处于失稳破坏阶段；CD 段，随着位移的增加，呈现残余强度，应力波动幅度极其微小。

当初始干密度相同时，不同含水率压实膨润土应力-位移关系曲线在刚开始加载的局部微调阶段（OA）基本一致，而在随后的峰值阶段（AB）、急剧跌落

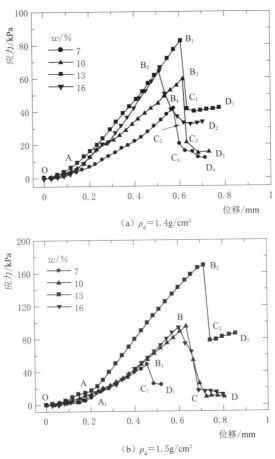

（a）$\rho_d = 1.4 \text{g/cm}^3$

（b）$\rho_d = 1.5 \text{g/cm}^3$

图 5-24（一）　劈裂试验应力-位移关系曲线

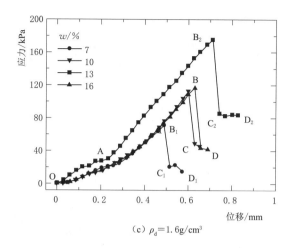

（c）$\rho_d = 1.6 \text{g/cm}^3$

图 5 - 24（二） 劈裂试验应力-位移关系曲线

阶段（BC）、残余强度阶段（CD）呈现出差异性。

受含水率、初始干密度影响，压实膨润土的劈裂强度大小变化明显。在试验含水率范围（7％～16％）内，同一初始干密度压实膨润土的劈裂强度随着含水率的增加呈先增加后减小的趋势。压实膨润土劈裂强度在含水率为 13％时达到最大值。从图中还可以看出，不同初始干密度压实膨润土的劈裂强度与含水率关系均表现出相同的变化趋势，即劈裂强度随着含水率的增大呈先增大后减小的趋势。

随着初始干密度的增加，同一含水率压实膨润土的劈裂强度呈增加趋势。压实膨润土劈裂强度的变化范围为 42～112kPa。

劈裂试验抗拉强度与含水率、初始干密度的关系曲线如图 5 - 25 所示。

2. 位移矢量场分析

PIV 系统采集的初始干密度为 1.4g/cm³ 时不同含水率压实膨润土的劈裂裂隙扩展情况及其位移矢量场如图 5 - 26 所示。由图可知，在 B 点时，压实膨润土表面清晰平整，没有出现裂缝，但由对应的位移矢量场可得试样内部局部出现红色斑块，表明其内部结构发生调整，内部孔隙趋于密实；C 点，试样表面沿径向出现细微裂缝，位移矢量场沿径向出现 1 条深色线条；D 点，试样表面的裂缝加宽，并向上下延伸，位移矢量场径向的深色线条加宽，径向出现局部空白。

初始干密度为 1.5g/cm³ 时不同含水率压实膨润土的劈裂裂隙扩展情况及其位移矢量场如图 5 - 27 所示。由图可知，压实膨润土在达到峰值点 B 时未出现明显裂隙，应力集中分布在试样与加载板接触的顶部，或试样与加载台接触的底部；B 点过后荷载急剧跌至 C 点，可观察到劈裂裂隙已出现在劈裂面上，对

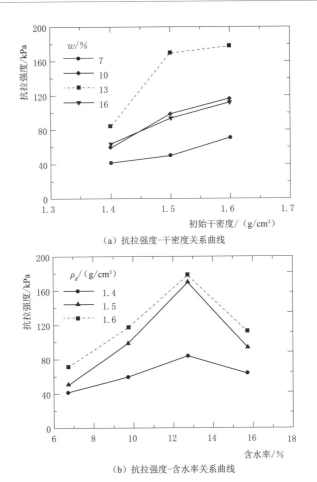

（a）抗拉强度-干密度关系曲线

（b）抗拉强度-含水率关系曲线

图 5-25 劈裂试验抗拉强度与含水率、初始干密度的关系曲线

应的位移矢量场表明在裂隙的尖端产生的应变量最大；荷载波动至 D 点，劈裂裂隙贯通整个试样，试样完全破坏，部分试样因裂隙太宽，对应的位移量较大，位移矢量场部分为空白区。

初始干密度为 1.6g/cm³ 时不同含水率压实膨润土的劈裂裂隙扩展情况及其位移矢量场如图 5-28 所示。由图可知，压实膨润土由于内部相对密实，在达到峰值应力点 B 时，应力集中分布在试样边缘以及与压板接触的顶部；C 点，含水率为 7％、16％的试样可观察到劈裂裂隙已出现在试样表面，含水率为 10％、13％的试样顶部的应力集中现象更为明显，但试样表面并未出现明显裂隙；荷载波动至 D 点时，含水率为 7％、16％的试样劈裂裂隙加宽，并向上下延伸贯通整个试样，试样完全破坏，含水率为 10％、13％的试样表面出现明显裂隙，并且裂隙近乎于一条径向直线。

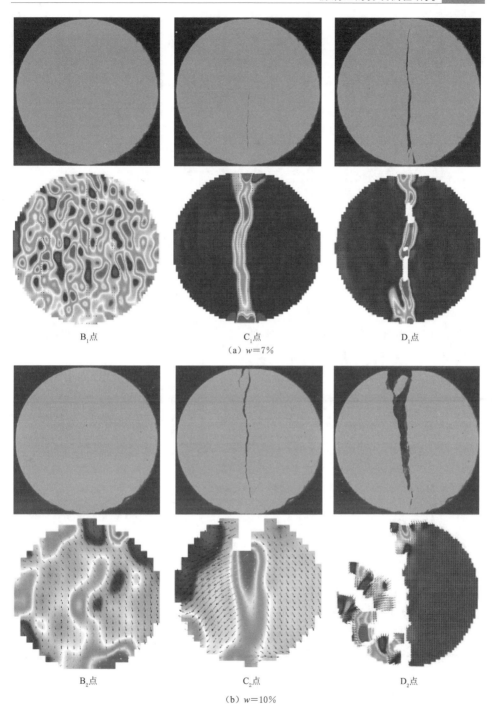

B₁点　　　　　　　　　C₁点　　　　　　　　　D₁点

（a）$w=7\%$

B₂点　　　　　　　　　C₂点　　　　　　　　　D₂点

（b）$w=10\%$

图 5-26（一）　初始干密度为 $1.4\mathrm{g/cm^3}$ 时不同含水率压实膨润土的
劈裂裂隙扩展情况及其位移矢量场

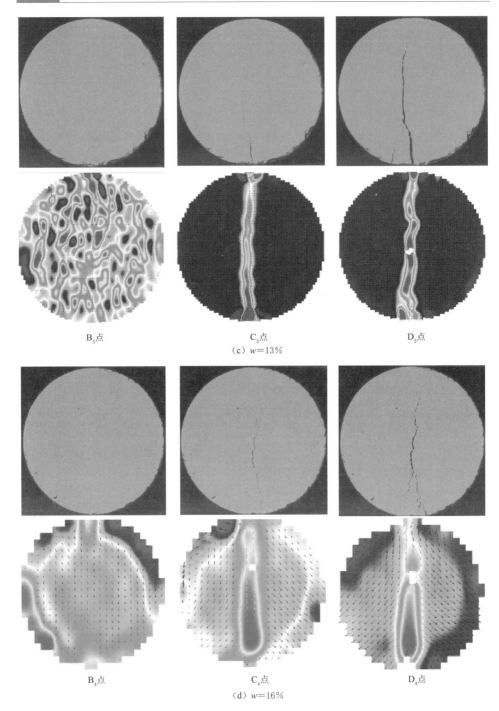

B₃点   C₃点   D₃点

（c）$w=13\%$

B₄点   C₄点   D₄点

（d）$w=16\%$

图 5-26（二） 初始干密度为 1.4g/cm³ 时不同含水率压实膨润土的
劈裂裂隙扩展情况及其位移矢量场

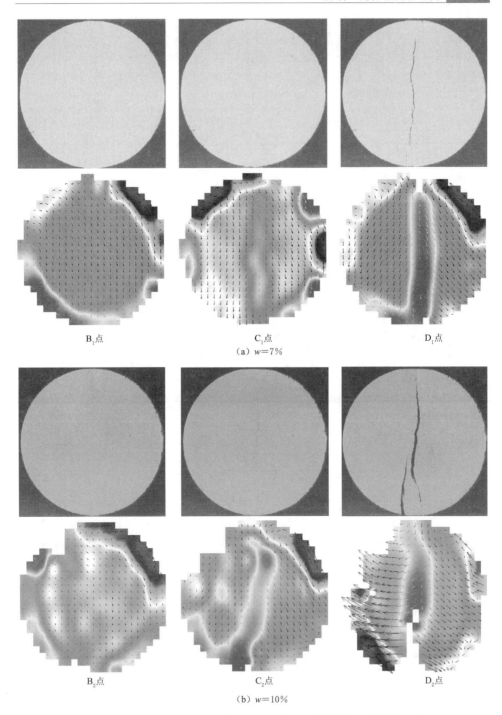

B₁点　　　　　　　　　C₁点　　　　　　　　　D₁点
（a）$w=7\%$

B₂点　　　　　　　　　C₂点　　　　　　　　　D₂点
（b）$w=10\%$

图 5 - 27 （一）　初始干密度为 $1.5\mathrm{g/cm^3}$ 时不同含水率压实膨润土的
劈裂裂隙扩展情况及其位移矢量场

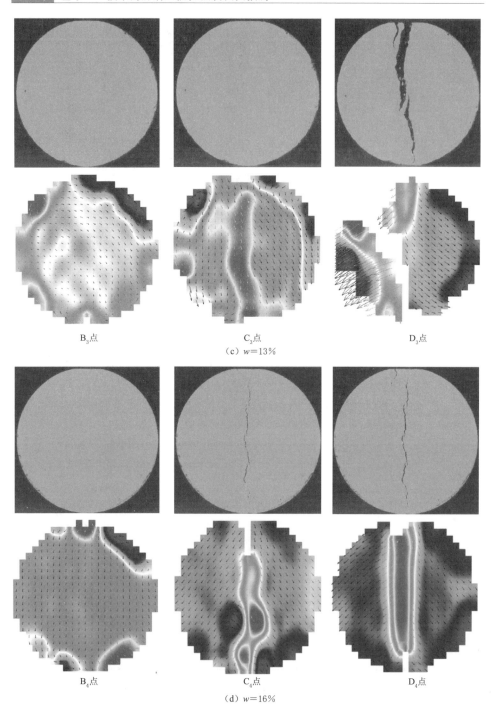

B₃点 　　　　 C₃点 　　　　 D₃点

（c）$w=13\%$

B₄点 　　　　 C₄点 　　　　 D₄点

（d）$w=16\%$

图 5-27（二）　初始干密度为 $1.5\mathrm{g/cm^3}$ 时不同含水率压实膨润土的
劈裂裂隙扩展情况及其位移矢量场

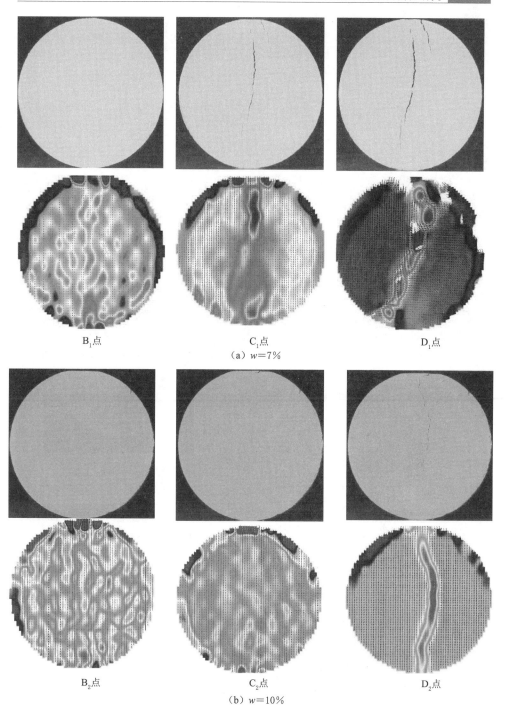

B₁点   C₁点   D₁点

（a）$w=7\%$

B₂点   C₂点   D₂点

（b）$w=10\%$

图 5-28（一）　初始干密度为 $1.6\mathrm{g/cm^3}$ 时不同含水率压实膨润土的
劈裂裂隙扩展情况及其位移矢量场

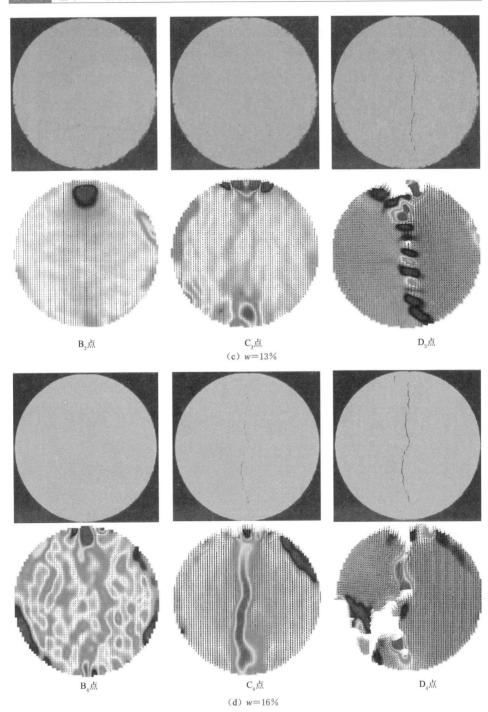

B₃点　　　　　　　　C₃点　　　　　　　　D₃点

（c）$w=13\%$

B₄点　　　　　　　　C₄点　　　　　　　　D₄点

（d）$w=16\%$

图 5-28（二）　初始干密度为 1.6g/cm³ 时不同含水率压实膨润土的
劈裂裂隙扩展情况及其位移矢量场

具有不同初始干密度、含水率的压实膨润土对应其应力-位移关系曲线，劈裂破坏的裂隙发育过程具有一定的规律性。A 点试样内部结构调整，内部微小孔隙被逐渐压实；B 点发生压缩变形，未出现明显裂隙，位移主要集中在试样内部，可以将两个阶段统一称为过渡阶段；峰值后的 C 点出现主裂隙，主要分布于试样中央，沿径向分布，近似于一条直线，将试样均匀分为左右两部分，试样竖向位移量最大，水平位移不明显；荷载波动至 D 点处，裂隙径向贯通，部分试样因破坏位移较大，位移矢量场为空白区。

5.6　膨润土的抗拉强度的预测

5.6.1　劈裂强度的修正

在试验范围内（含水率分别为 7％、10％、13％、16％，初始干密度分别为 1.4g/cm³、1.5g/cm³、1.6g/cm³），相同初始干密度、含水率的压实膨润土测得的劈裂强度均大于直接拉伸强度，劈裂强度与直接拉伸强度对比曲线如图 5 - 29 所示。原因在于劈裂试验主要用于测量岩石、混凝土等脆性材料的抗拉强度，而土体呈现的脆性特征并不如岩石明显，因此采用劈裂试验测量土体的抗拉强度存在一定的误差。

劈裂试验不同材料圆盘如图 5 - 30 所示。脆性圆盘承受沿弦向施加在其边界的集中力，在进行劈裂试验时脆性试样与上部加载压板的接触面积不会发生改变，承受的荷载类型为集中荷载。但大部分土体在进行劈裂试验时都会在加载点（即试样顶部与加载压板的接触点）发生明显变形，试样顶部与加载压板的接触面积会增大，承受的是均布荷载，得出的劈裂强度大于实际土体的抗拉强度。

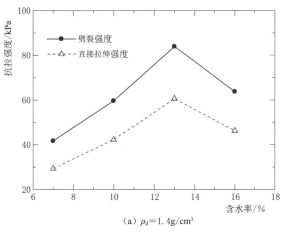

(a) $\rho_d = 1.4\text{g/cm}^3$

图 5 - 29（一）　劈裂强度与直接拉伸强度对比曲线

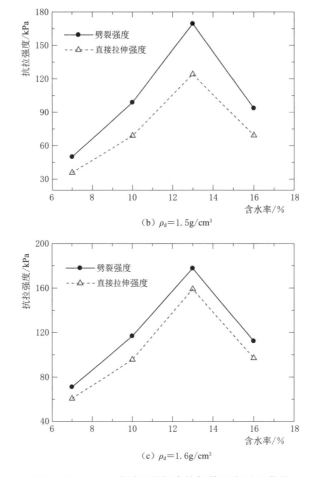

（b）$\rho_{\mathrm{d}}=1.5\mathrm{g/cm^3}$

（c）$\rho_{\mathrm{d}}=1.6\mathrm{g/cm^3}$

图 5-29（二） 劈裂强度与直接拉伸强度对比曲线

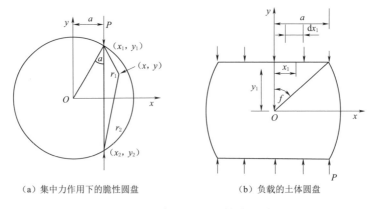

（a）集中力作用下的脆性圆盘   （b）负载的土体圆盘

图 5-30 劈裂试验不同材料圆盘

综上所述，为了得到准确的膨润土的抗拉强度，需要对劈裂公式进行修正。

1. Frydman 修正公式

Frydman 提出的劈裂公式修正系数 g 为

$$g = -\frac{d}{2a}\left\{2f - \sin 2f - \frac{2y_1}{d}\lg\tan\left(\frac{\pi}{4} + \frac{f}{2}\right)\right\} \qquad (5-7)$$

式中：d 为试样的直径；a 为因加载变平的长度；y_1 为加载点至轴心的距离；f 为加载点边缘与竖直向的夹角。

利用 Image Pro Plus（IPP）软件对 PIV 技术拍摄的图片进行处理，实现像素单位到实际单位的转换，IPP 软件处理图片如图 5-31 所示。通过测量可以获得试样上方与压板接触的长度 a、加载点边缘与竖直向的夹角 f、试样的直径 d、加载点至轴心的距离 y_1。Frydman 提出的修正系数适用于 a/y_1 小于 0.27 的土体。修正参数见表 5-6，可知，此次试验所用膨润土劈裂强度可采用修正系数修正。抗拉强度-含水率关系曲线如图 5-32 所示，采用 g 对劈裂强度进行修正，修正后的劈裂强度过小，明显低于直接拉伸试验得到的抗拉强度，修正效果并不完美。

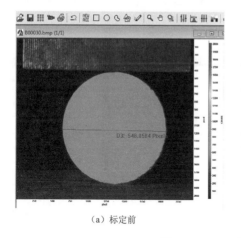
（a）标定前

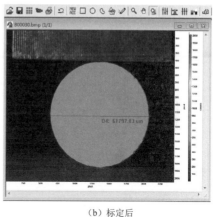
（b）标定后

图 5-31　IPP 软件处理图片

表 5-6　　　　　　　　　　修　正　参　数

干密度/(g/cm³)	含水率/%	a/mm	d/mm	y_1/mm	f/°
1.4	7	5.27	61.73	30.41	9.8
	10	5.27	61.71	30.42	9.8
	13	5.27	61.79	30.44	9.8
	16	5.27	61.76	30.47	9.8

续表

干密度/(g/cm³)	含水率/%	a/mm	d/mm	y₁/mm	f/°
	7	4.45	61.85	30.61	8.3
1.5	10	4.57	61.81	30.56	8.5
	13	4.47	61.77	30.56	8.3
	16	4.53	61.76	30.55	8.4
	7	4.20	61.84	30.63	7.8
1.6	10	4.00	61.81	30.65	7.4
	13	4.25	61.85	30.63	7.9
	16	4.03	61.83	30.65	7.5

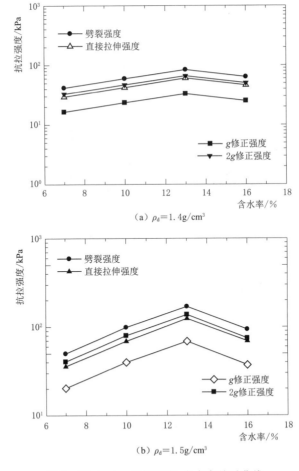

图 5-32（一） 抗拉强度-含水率关系曲线

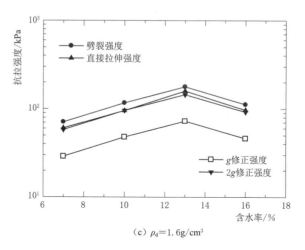

（c）$\rho_d = 1.6\text{g/cm}^3$

图 5-32（二）　抗拉强度-含水率关系曲线

在调整修正系数的过程中，采用 2g 修正误差不到 1%。因此，对适用于土体的巴西劈裂公式进行修正，即

$$\sigma_t = -\frac{2P}{\pi a t}\left\{2f - \sin 2f - \frac{2y_1}{d}\lg\tan\left(\frac{\pi}{4} + \frac{f}{2}\right)\right\} \tag{5-8}$$

2. 简化修正公式

虽然式（5-8）可以相对准确获取膨润土的抗拉强度，但是式中涉及土体变形参数较多。劈裂试验中，不同干密度压实膨润土的土体变形参数 a/d 分布区间存在差异，随着干密度的增大，a/d 逐渐变小。初始干密度为 1.4g/cm^3、1.5g/cm^3、1.6g/cm^3 的压实膨润土 a/d 分别在 $0.082\sim0.086$、$0.071\sim0.081$、$0.064\sim0.069$ 范围内变化，其均值分别为 0.085、0.075、0.067。说明随着初始干密度的增大，压实膨润土的变形程度减弱，抗拉强度逐渐增大。

通过曲线拟合建立一个更为简便的修正系数 K，即

$$K = -1.905\frac{a}{d} + 0.009 \tag{5-9}$$

式中：a 为因加载变平的长度；d 为试样的直径。

在经典巴西劈裂公式基础上引入一个简化修正系数，即

$$\sigma_t = -\left(-1.905\frac{a}{d} + 0.009\right)\frac{2P}{\pi d t} \tag{5-10}$$

膨润土抗拉强度修正系数与土体变形参数呈线性关系，同时结合 PIV 技术获取劈裂破坏时土体的变形参数可以快速、准确地获得压实膨润土的直接拉伸强度。

拟合曲线如图 5-33 所示，K 修正后的劈裂强度与抗拉强度对比曲线如图 5-34 所示。

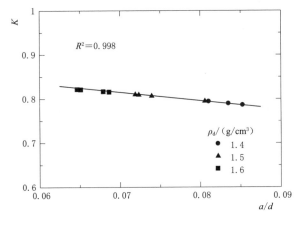

图 5-33 拟合曲线

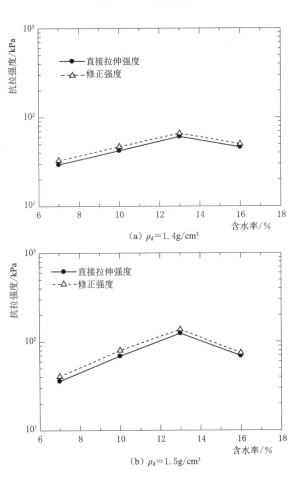

图 5-34（一） K 修正后的劈裂强度与抗拉强度对比曲线

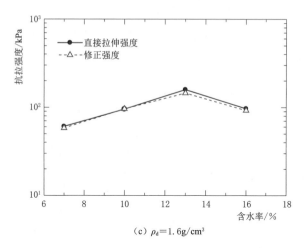

（c）$\rho_d = 1.6 \mathrm{g/cm^3}$

图 5-34（二） K 修正后的劈裂强度与抗拉强度对比曲线

5.6.2 基于土-水特征曲线预测抗拉强度

摩尔-库仑准则适用于预测抗拉强度的模型。各向同性抗拉强度、单轴抗拉强度及莫尔-库伦准则如图 5-35 所示，其中图 5-35（a）描述了在一个主平面上施加拉应力，在相应的正交平面上施加零应力（单轴拉应力 σ_{tua}）的土体单元。当施加的单轴拉应力达到抗拉强度时，就会发生破坏。在 $\tau - \sigma$ 空间中，对于抗拉强度采用了一个正符号约定。对应于各向同性抗拉强度 σ_{tia}，A 点在任何方向上都不存在剪应力分量。从 A 点开始，如果已知土体的内摩擦角 ϕ，假设剪切强度是法向应力的线性函数，则可以得到摩尔-库仑破坏包络线。有研究结果表明，在拉伸或压缩下的摩擦角可能相同，因此本研究假设剪切强度

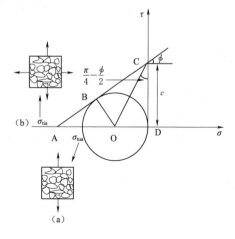

图 5-35 各向同性抗拉强度、单轴抗拉
强度及摩尔-库仑准则

与正应力的比值（即为 $\tan\phi$）保持恒定。本文的内摩擦角采用孙德安等得出的压实膨润土试样对应的内摩擦角，取值为 21.6°。

Varsei 等根据摩尔-库仑准则以及三角函数得出抗拉强度与土体黏聚力、内摩擦角间的关系为

$$\tan\left(\frac{\pi}{4} - \frac{\phi}{2}\right) = \frac{OD}{DC} = \frac{\sigma_{\text{tua}}}{2c} \qquad (5-11)$$

即

$$\sigma_{\text{tua}} = 2c \tan\left(\frac{\pi}{4} - \frac{\phi}{2}\right) = \frac{2c\cos\phi}{1 + \sin\phi} \tag{5-12}$$

式中：σ_{tua} 为单轴拉应力，即抗拉强度 σ_{t}；c 为土体的黏聚力；ϕ 为土体的内摩擦角，取 $21.6°$。

Alonso 等提出的单轴抗拉强度理论预测同样基于摩尔-库仑准则，该理论主要考虑了非饱和土微观结构基础上的有效应力，简述为使用包含有效饱和度的有效应力模型，有效饱和度 S_{r}^{e} 可以量度土体大孔隙中水的含量，假设大孔隙控制基质吸力从而对土体抗拉强度产生影响，饱和度 S_{r} 分解为微观饱和度 S_{r}^{m} 和宏观饱和度 S_{r}^{M}，即

$$S_{\text{r}} = S_{\text{r}}^{\text{m}} + S_{\text{r}}^{\text{M}} \tag{5-13}$$

因此，有效饱和度可以定义为

$$\begin{cases} S_{\text{r}}^{\text{e}} = \dfrac{S_{\text{r}} - S_{\text{r}}^{\text{m}}}{1 - S_{\text{r}}^{\text{m}}} & S_{\text{r}} > S_{\text{r}}^{\text{m}} \\ S_{\text{r}}^{\text{e}} = 0 & S_{\text{r}} \leqslant S_{\text{r}}^{\text{m}} \end{cases} \tag{5-14}$$

式中：S_{r} 为饱和度；S_{r}^{e} 为有效饱和度；S_{r}^{m} 为微观饱和度；S_{r}^{M} 为宏观饱和度。

式（5-14）反映出土体大孔隙中不含水（即干燥）状态过渡至完全饱和状态有效饱和度的变化。因为土壤中的微孔隙和大孔隙之间的界限不易确定，因此 Alonso 提出了一个替代方程，它对饱和度 S_{r} 从 0 到 1 的所有值都是连续的，提出的方程为

$$S_{\text{r}}^{\text{e}} = (S_{\text{r}})^{\alpha} \tag{5-15}$$

式中：S_{r}^{e} 为有效饱和度；S_{r} 为微观饱和度；α 为无量纲参数。

考虑有效饱和度，将 Bishop 等提出的有效应力公式中的 χ 替换为 S_{r}^{e}，得到有效应力为

$$\sigma' = \sigma - u_{\text{a}} + S_{\text{r}}^{\text{e}}(u_{\text{a}} - u_{\text{w}}) \tag{5-16}$$

将摩尔-库仑准则与式（5-16）结合可得

$$\tau = c' + (\sigma - u_{\text{a}})\tan\phi + S_{\text{r}}^{\text{e}}(u_{\text{a}} - u_{\text{w}})\tan\phi \tag{5-17}$$

式（5-17）可以拆分为

$$\tau = c + (\sigma - u_{\text{a}})\tan\phi \tag{5-18}$$

$$c = c' + S_{\text{r}}^{\text{e}}(u_{\text{a}} - u_{\text{w}})\tan\phi \tag{5-19}$$

式中：σ' 为有效应力；τ 为抗剪强度；c 为黏聚力；σ 为总应力；u_{a} 为孔隙气压；ϕ 为土体内摩擦角，取 $21.6°$；c' 为饱和土的有效黏聚力；S_{r}^{e} 为有效饱和度；u_{w} 为孔隙水压。

将式（5-19）代入式（5-12）得

$$\sigma_t = \frac{2c'\cos\phi}{1+\sin\phi} + S_r^e \tan\phi (u_a - u_w) \frac{2\cos\phi}{1+\sin\phi} \qquad (5-20)$$

由于 c' 为饱和土的有效黏聚力，Varsei 等对非饱和土抗拉强度的研究结果表明 c' 取零时拟合效果较好，$(u_a - u_w)$ 为基质吸力，式（5-20）可以转换为

$$\sigma_t = sS_r^\alpha \tan\phi \frac{2\cos\phi}{1+\sin\phi} \qquad (5-21)$$

结合式（5-4）、式（5-21）可得

$$\sigma_t = 200s \frac{[1-\ln(1+s/S_{re})/\ln(1+10^6/S_{re})]^\alpha}{[\ln(2.718+(s/a)^{0.5})]^{0.5\alpha}} \frac{\tan\phi\cos\phi}{1+\sin\phi} \qquad (5-22)$$

式中：σ_t 为抗拉强度；s 为吸力；S_{re} 为残余吸力；α 为无量纲参数；ϕ 为土体的内摩擦角，取 21.6°；a 为土-水特征曲线拟合参数，取自表 5-3。

调整无量纲参数 α 的取值，通过式（5-22）得到压实膨润土的预测抗拉强度，对比预测抗拉强度与实测抗拉强度，得到不同初始干密度状态下 α 的最优取值。

初始干密度为 1.4g/cm³、1.5g/cm³、1.6g/cm³，α 取值分别为 1.78、1.99、2.21 时，预测抗拉强度与实测抗拉强度对比曲线如图 5-36 所示，预测强度曲线与实测强度曲线总体相近，较为吻合，预测效果较好。

α 的取值随着初始干密度的增大而线性增大，α 与初始干密度的线性关系可表示为

$$\alpha = 2.15\rho_d - 1.2317 \qquad (5-23)$$

通过建立 α 与初始干密度的线性函数，结合式（5-22）即可预测不同初始干密度压实膨润土的抗拉强度。α 与初始干密度的关系曲线如图 5-37 所示。

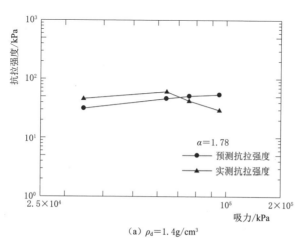

（a）$\rho_d = 1.4\text{g/cm}^3$

图 5-36（一）　预测抗拉强度与实测抗拉强度对比曲线

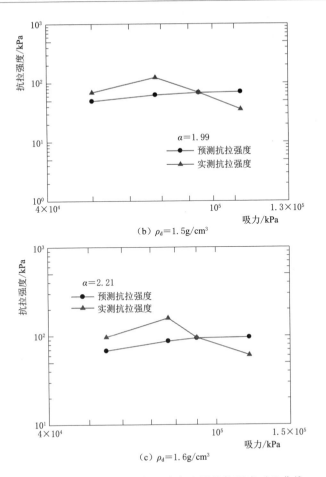

（b）$\rho_d = 1.5\text{g/cm}^3$

（c）$\rho_d = 1.6\text{g/cm}^3$

图 5-36（二）　预测抗拉强度与实测抗拉强度对比曲线

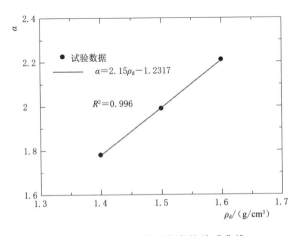

图 5-37　α 与初始干密度的关系曲线

5.7　基于 PIV 技术的高吸力下压实膨润土径向劈裂试验研究

5.7.1　试验方案

膨润土采用的基于 PIV 技术的劈裂试验装置，密闭的干燥容器如图 5-38 所示。劈裂试样制备采用重塑膨润土，将烘干膨润土碾碎过 2mm 土壤筛，添加水量至目标含水率，在恒温恒湿的环境中静置至散土内部水分均匀。采用环刀制样器制备劈裂试验所用的圆柱状试样，试样直径和高度分别为 6.18cm 和 2cm。制备试样的初始干密度以及含水率与直接拉伸试样一致，使用电子天平称取目标质量的散土，利用液压千斤顶静压成样。

图 5-38　密闭的干燥容器

为了研究高吸力下吸力对土体劈裂强度的影响和裂隙开展的作用机制，控制土体的初始孔隙比为 1.05，初始含水量为 35%。其中将 10 个完整的试样放入 10 种饱和盐溶液中进行吸力平衡，可获得高吸力下土-水特征曲线；其中 5 个试样进行 PIV 劈裂试验；另外 2 个试样均匀切成八等份，也放入 10 种饱和盐溶液中进行吸力平衡，用于 SEM 试验。

吸力平衡耗时约 4 个月，当吸力平衡后通过游标卡尺、电子天平分别测量试样的尺寸和质量，对应每个试样的初始质量和含水率计算吸力平衡后的含水率和饱和度。其中做微观分析的试样，吸力平衡后需用真空冷凝干燥仪进行干燥。PIV 劈裂试验和 SEM 微观试验所选用试样的吸力值分别为 3.29MPa、38.0MPa、71.1MPa、149.5MPa 和 367.5MPa，其所应对的饱和盐溶液分别为 K_2SO_4、NaCl、NaBr、$MgCl_2 \cdot 6H_2O$ 和 LiBr。

5.7.2　试验步骤

（1）将达到吸力平衡后的高吸力试样放置于万能试验机上，调整好上部压板位置，使其与试样顶部保持将要接触。同时确定压力传感器另一端与电脑连接良好，设置加载设备的各项采集参数。控制方式采用位移控制，加载速率设定为 1.5mm/min。

（2）调整好泛光灯以及 CCD 相机位置，并对 CCD 相机进行调焦，确保相机的清晰度以及视野范围处于最佳状态。

（3）启动 PIV 测量系统，利用特制标定板对相机进行标定。标定完成后设置测量系统的拍照频率为 8 张/s，照片总张数为 1500 张。待试样出现明显破坏现象后结束试验。

（4）根据荷载-位移关系曲线，选择每个阶段所拍摄图片，用 PIVview2C 和 tecplot 软件对开始和结束时刻 2 张图片进行对比处理，对裂隙发育过程的土体变形场进行分析并生成位移矢量图。

5.7.3　试验结果及分析

1. 高吸力下压实膨润土的持水特性

高吸力下压实膨润土含水率、饱和度及孔隙比与吸力之间的关系曲线如图 5-39 所示。即用饱和盐溶液蒸汽平衡法测得 $e_0 = 1.05$ 和 $w_0 = 35\%$ 的压实膨润土在净应力为零条件下的持水曲线。

如图 5-39 （a）所示，土样的含水率随着吸力增加而减少，吸力为对数坐标时，近似为线性关系。如图 5-39 （b）所示，土样的饱和度随着吸力增加而减少，当吸力等于 38.0MPa 时存在明显的转折点。图 5-39 （c）表示了脱湿过程中土样的孔隙比 e 与吸力 s 的关系，孔隙比随着吸力的增加而减小，当吸力等于 38.0MPa 时存在明显的转折点，随后随着吸力的增加孔隙比基本不变。

2. 高吸力下压实膨润土劈裂试验与破坏特征

高吸力下压实膨润土劈裂试验荷载-位移关系曲线如图 5-40 所示。曲线划

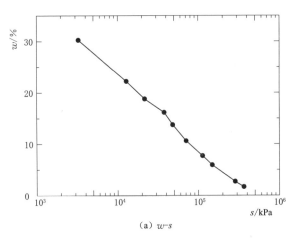

（a）w-s

图 5-39（一）　高吸力下压实膨润土含水率、饱和度及孔隙比
与吸力之间的关系曲线（$e = 0.58$）

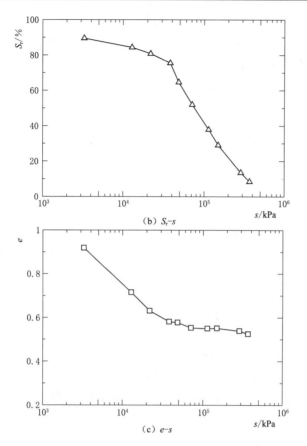

（b）S_r-s

（c）e-s

图 5 - 39（二） 高吸力下压实膨润土含水率、饱和度及孔隙比
与吸力之间的关系曲线（$e=0.58$）

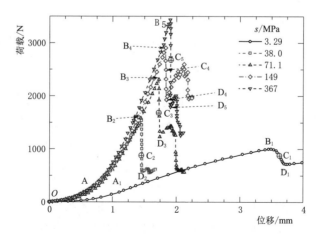

图 5 - 40 高吸力下压实膨润土劈裂试验荷载-位移关系曲线

分为 4 个阶段：OA 段，该阶段是由于上下压头在试件的接触部位产生应力集中所形成；AB 段，该阶段呈现较好的线性特征，类似单轴压缩试验曲线的直线阶段，应力在试件内部传递；BC 段，峰值过后试样开始出现肉眼可见的裂隙，曲线在达到峰值后迅速下降；CD 段，试件出现很大的劈裂裂隙。随后试样呈现出一定的残余强度，随着应力增加，裂纹继续扩展直至贯通，最后导致试样完全破坏。

不同高吸力值试样的荷载-位移关系曲线均呈现应变软化现象，并且上述现象随着吸力的增加越来越显著。峰值荷载随着吸力的增加而增加。吸力为 3.29MPa 的试样由于含水率较高，荷载-位移曲线呈现出的峰值后软化不明显，达到峰值强度需要的位移也较大，需继续压缩提供一定塑性变形才能使之破裂。

不同吸力试样的劈裂破坏裂隙扩展情况及其位移矢量场如图 5-41 所示。在荷载经历近似线性的 AB 段后，在达到峰值应力点 B 时未出现明显裂隙，B 点过后荷载降到 C 点可观察到劈裂裂隙已出现在劈裂面上，然后荷载急剧跌降至 D 点。

由图 5-41 的位移矢量场可知，由于土体具有塑性，B 点试样发生压缩变形，未出现明显裂隙；峰值过后的 C 点出现明显裂隙，位移矢量场基本对称分布于劈裂面两侧，试样开始破坏；D 点处荷载降至波谷，裂隙贯通。其中试样的破坏部分由于位移较大，PIV 技术得到的位移矢量场为空白区。并且上述现象随着试样吸力值的增加越来越显著，完成 B—C—D 阶段所需时间越来越短暂。

3. 高吸力下压实膨润土 SEM 试验

对具有不同吸力的膨润土试样进行扫描电镜法（SEM）试验，不同吸力状态下膨润土的 SEM 图片如图 5-42 所示。图 5-42（a）和图 5-42（b）所示扫描电镜图片的放大倍数分别为 500 倍和 5000 倍。

图 5-42 可见试样颗粒组成已经表现出了集聚体。当吸力为 3.29MPa 时，膨润土土体孔隙水中的吸附水占优势，土体开始形成集聚体组构，膨润土试样表现出应变软化现象，开始表现出脆性特性。

当吸力上升到 38MPa 时，集聚体组构充分发展，土体集聚体间接触点处形成弯液面，集聚体的劈裂强度较大，从而表现为膨润土试样的劈裂强度增大。当吸力继续上升到 71.1MPa 和 149MPa 时，集聚体间的吸附作用更加明显，其表现出的脆性特性也更加明显。当吸力达到 367MPa 时，土中水为强吸附水，劈裂强度趋于稳定。国内外学者经过大量的研究证实，土体处于高吸力状态时在吸附作用下其组构会发生变化，逐渐过渡为集聚体组构，集聚体间接触点处形成弯液面，集聚体形成土体的骨架。这种组构的改变会导致土体的力学特性出现变化，并且土体的强度也会随着吸力的增加而增强。

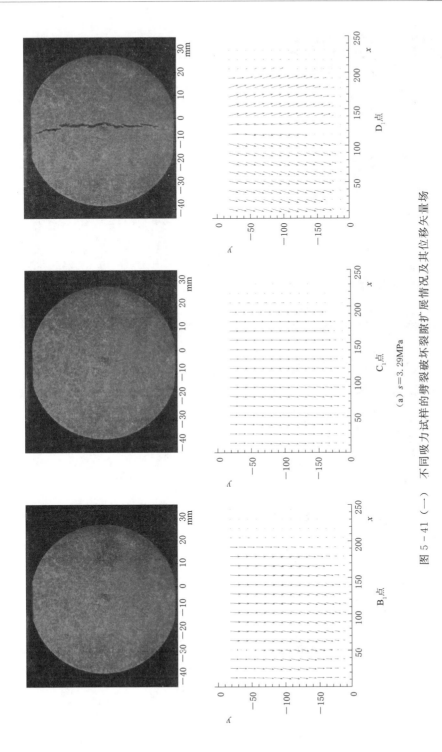

（a）$s=3.29\text{MPa}$

图 5-41（一）　不同吸力试样的劈裂破坏裂隙扩展情况及其位移矢量场

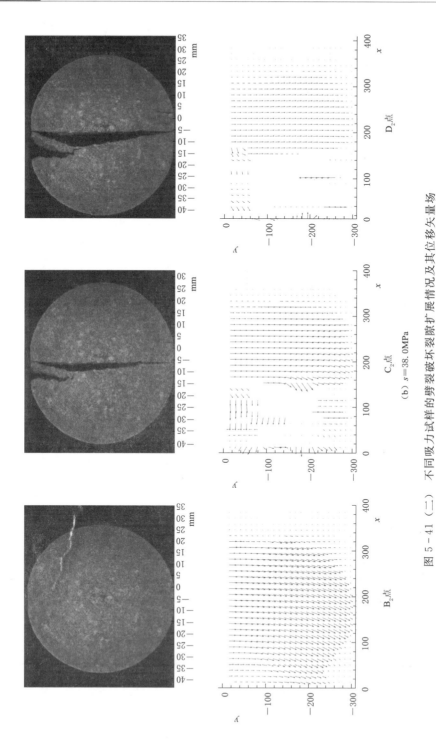

图 5-41（二）　不同吸力试样的劈裂破坏裂隙扩展情况及其位移矢量场

(b) $s=38.0$MPa

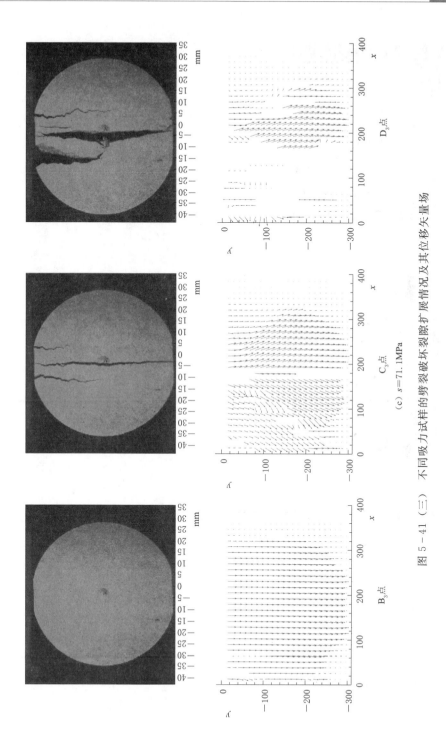

D_3点

C_3点

(c) $s = 71.1$MPa

B_3点

图 5 - 41 （三）　不同吸力试样的劈裂破坏裂隙扩展情况及其位移矢量场

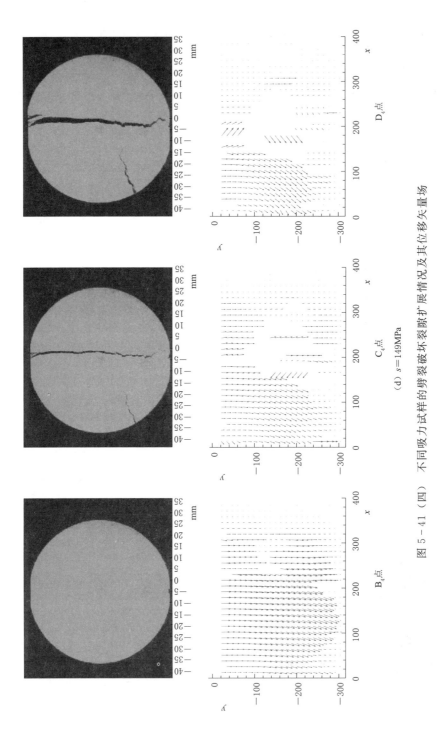

(d) s=149MPa

图 5－41（四） 不同吸力试样的劈裂破坏裂隙扩展情况及其位移矢量场

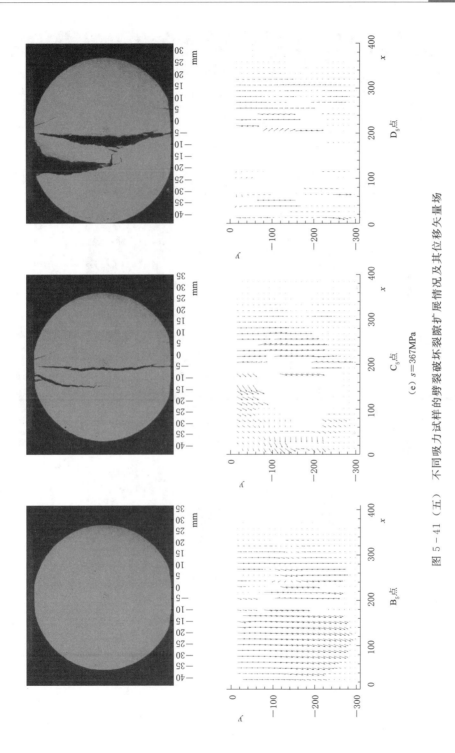

图 5 - 41（五） 不同吸力力试样的劈裂破坏裂隙扩展情况及其位移矢量场

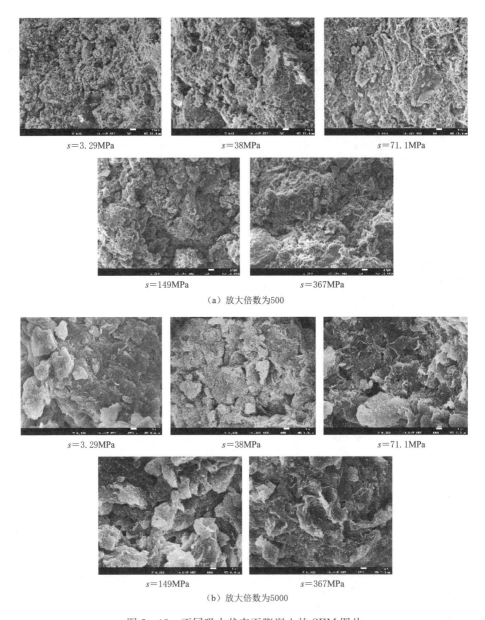

图 5-42 不同吸力状态下膨润土的 SEM 图片

5.8 本章小结

（1）初始干密度相同时，WP4C 仪测得的脱湿曲线与吸湿曲线的滞回现象显而易见。由于"瓶颈效应"，含水率、饱和度与吸力的关系曲线中，脱湿曲线总是高于吸湿曲线。滤纸法以及压力板法测得的土-水特征曲线表明含水率、饱和度均随着吸力增大而减小。基于 Fredlund - Xing 模型，根据获得的全吸力范围内的试验数据，建立模型参数与初始干密度之间的关系，从而给出了预测全吸力范围内膨润土的土-水特征曲线公式。压实膨润土的吸力状态会对其微观结构造成一定影响。吸力发生改变时，土体颗粒间接触方式以及颗粒排列方式差异明显。

（2）压实膨润土的直接拉伸强度受初始干密度、含水率影响明显。在含水率为 7%～16% 的测试范围内，压实膨润土的抗拉强度随着含水率的增加呈先增加后减小的趋势。在含水率为 13% 时，其抗拉强度达到最大值。相同含水率压实膨润土抗拉强度随着初始干密度增加呈增加趋势。在阶段性划分中，应力-位移关系曲线、拉张裂隙发展情况以及其对应的位移矢量场有明显的对应关系。

（3）压实膨润土的劈裂强度随初始干密度、含水率改变产生的变化规律与直接拉伸试验中的一致，即劈裂强度随着含水率的增加先增大后减小。相同含水率压实膨润土劈裂强度随着初始干密度增大而增大。应力-位移关系曲线、拉张裂隙发展情况以及其对应的位移矢量场有明显的对应关系。

（4）劈裂试验中大部分土体在加载点都会发生明显变形，与加载压板的接触面积增大，导致劈裂试验所得抗拉强度大于直接拉伸试验所得强度。压实膨润土的土体变形程度受初始干密度影响显著。随着干密度的增大，土体的抗拉强度增大，因此其变形程度逐渐减弱。

（5）采用 Frydman 提出的修正系数 g 和 PIV 技术获取劈裂破坏时土体的变形参数对劈裂抗拉强度进行修正，修正强度值与直接拉伸强度值存在明显差异，而采用 $2g$ 修正效果较好。另外在经典巴西劈裂公式基础上引入一个简化修正系数 K，同时结合 PIV 劈裂试验结果也可以快速、准确地获得压实膨润土的直接拉伸强度。

（6）根据预测的土-水特征曲线公式，结合 Varsei 预测抗拉强度的公式，抗拉强度与吸力的幂级数有关，进而引入一个无量纲参数 α。通过建立 α 与初始干密度的线性函数，即可预测不同初始干密度压实膨润土的抗拉强度。

（7）高吸力范围内，吸力对膨润土试样的劈裂强度有着重要的影响，荷载-位移关系曲线均出现应变软化现象，且峰值强度随着吸力的增加而增加。SEM试验结果表明高吸力条件下的膨润土土体在吸附作用下组构发生变化，逐渐过渡为集聚体组构，随着吸力的增加集聚体间的吸附作用越来越显著，从而表现为劈裂强度越来越高。

第 6 章

结　论

通过开展结合 PIV 技术的直接拉伸试验以及劈裂试验、持水特性试验，系统研究了黄土、粉土、膨胀土、膨润土的水力-力学特性以及拉张裂隙的发育过程，得出了如下结论：

（1）当试样劈裂破坏时，原状试样峰值荷载比重塑试样的大，重塑试样的峰值荷载随着初始干密度的增加而增加。由位移矢量场可知，原状试样劈裂破坏时主裂隙倾斜，次生裂隙不发育；重塑试样劈裂破坏时主裂隙呈径向垂直，次生裂隙较发育；不同初始干密度重塑试样的裂隙发育形态基本一致。当初始干密度相等时，原状试样的累计汞压入量曲线和孔径分布密度曲线均高于重塑试样的，原状试样的集聚体间孔隙比重塑试样的多，但由于原状试样具有明显的结构性，因而原状试样的抗拉强度比重塑试样的高。随着初始干密度增加，重塑试样的累计汞压入量曲线向下移动，孔径分布密度曲线峰值向左移动，集聚体间孔隙逐渐减小甚至消失，导致抗拉强度随着初始干密度增大而增加。

（2）粉土试样在第一次峰值前后仅发生压缩变形，峰值过后出现微裂缝，波谷前后随着裂缝的持续扩张，横向位移和竖向位移均显著增加，在第二次峰值前后，因位移过大，矢量场出现空白区域。粉土的黏聚力和抗拉强度均随着干密度的增加而增大，二者基本呈线性关系；由 SEM 微观图片易得随着试样干密度的增加，土颗粒间距离减小，相互作用增强，宏观表现为土体强度增加。试验数据为解决豫东粉土路基开裂问题及工程安全生产提供依据。

（3）拉伸过程中膨胀土试样的峰值荷载随含水率的增加先增大后减小，峰值荷载-含水率关系曲线上存在临界含水率；对于初始干密度分别为 $1.35\mathrm{g/cm^3}$、$1.50\mathrm{g/cm^3}$ 和 $1.65\mathrm{g/cm^3}$ 的膨胀土，其临界含水率分别约为 17.9％、14.1％ 和 13％。根据绘制的峰值荷载-位移曲线，可将径向劈裂试验过程分为应力接触调整阶段（Ⅰ）、应力近似线性增加阶段（Ⅱ）、拉伸破坏阶段（Ⅲ）和残余阶段（Ⅳ）。在相同含水率控制条件下，位移矢量场的主方向与主要裂隙之间的夹角随干密度的增加而减小，特别是当刚出现裂隙时夹角最大。采用 PIV 技术，记录试验过程中的位移和应变，以更好地研究土体破坏机理。

（4）分别运用 WP4C 仪、滤纸法以及压力板法对膨润土进行了持水特性试验研究，同时开展了吸力控制条件下的扫描电镜试验。试验结果表明，三种方法测得的土-水特征曲线均随吸力的增大而减小。初始干密度相同土样的土-水特征曲线，脱湿曲线与吸湿曲线具有明显的滞回现象。由压力板法、滤纸法获得的吸力、饱和度，经 Fredlund–Xing 模型拟合分析获得相关参数，通过建立模型参数与初始干密度之间的关系，给出了预测膨润土的土-水特征曲线公式。初始干密度相同的土样随着吸力的增加，颗粒间的接触方式由点-面接触转变为面-面接触，颗粒的排列方式由架空状态转变为镶嵌状态。当吸力进一步增加为 149MPa 时，接触方式转变为点-面接触，排列方式转变为架空-镶嵌状态。

（5）联合运用 PIV 系统和自行研制的直接拉伸试验模具对不同初始干密度、含水率压实膨润土进行一系列直接拉伸试验。在相同的初始条件下，基于 PIV 技术对压实膨润土开展劈裂试验。试验结果表明：同一初始干密度的压实膨润土样的直接拉伸强度以及劈裂强度均随着含水率先增大后减小，在含水率为临界含水率（$w_c = 13\%$）时的抗拉强度达到最大值。直接拉伸试验中拉张裂隙发展过程可以划分为结构调整阶段、微裂隙产生阶段、裂隙贯通阶段 3 个阶段。劈裂试验中拉张裂隙发展过程可以划分为过渡阶段、微裂隙产生阶段、裂隙贯通阶段 3 个阶段。

（6）相同初始干密度、含水率的压实膨润土试样劈裂强度大于直接拉伸强度。原因在于土体在进行劈裂试验时都会在加载点发生明显变形，与加载压板的接触面积会增大，因此得出的劈裂强度大于实际土体的抗拉强度。

（7）采用 Frydman 提出的修正系数 g 和 PIV 技术获取劈裂破坏时土体的变形参数对劈裂强度进行修正，修正强度值与直接拉伸强度值存在明显差异，而采用 $2g$ 修正效果较好。另外在经典巴西劈裂公式基础上引入一个简化修正系数 K，同时结合 PIV 劈裂试验结果也可以快速、准确地获得压实膨润土的直接拉伸强度。根据预测的土-水特征曲线公式，结合 Varsei 预测抗拉强度的公式，引入一个无量纲参数 α。通过建立 α 与初始干密度的线性函数，即可预测不同初始干密度压实膨润土的抗拉强度。

（8）高吸力范围内，吸力对膨润土试样的劈裂强度有着重要的影响，荷载-位移关系曲线均出现应变软化现象，且峰值强度随着吸力的增加而增加。SEM 试验结果表明高吸力条件下的膨润土土体在吸附作用下组构发生变化，逐渐过渡为集聚体组构，随着吸力增加集聚体间吸附作用越来越显著，从而表现为劈裂强度越来越高。

参 考 文 献

［1］ 谭馨怡. 浅析中国核能发展状况及展望［J］. 中国设备工程，2021（19）：235－236.

［2］ International Atomic Energy Agency. Classification of radioactive waste—A safety guide：Safety series No. 111－G－1. 1［R］. Vienna：1994.

［3］ Svensk kärnbränslehanterin AB，Agency ONE. Geological repositories：political and technical progress：Workshop proceedings［R］. Sweden：Swedish nuclear fuel and waste management company，2003：1－12.

［4］ HESS H H，THURSTON W R. Disposal of radioactive waste on land［J］. EOS，Transactions，American Geophysical Union，1958，39（3）：467－468.

［5］ UMEKI H，SHIMIZU K，NAITO M. Technical feasibility and reliability of the Japanese disposal concept. The second progress report（H12）on research and development for geological disposal of high－level radioactive waste［J］. Shigen To Sozai，2001，117（10）：768－774.

［6］ JOHNSON L H，TAIT J C，SHOESMITH D W. The disposal of Canada's nuclear fuel waste：engineered barriers alternatives［R］. AECL－1078COG－93－8，1994.

［7］ SELLIN P，LEUPIN O X. The use of clay as an engineered barrier in radioactive－waste management－a review［J］. Clays and Clay Minerals，2013，61（5）：477－498.

［8］ 孙德安，张乾越，张龙，等. 高庙子膨润土强度时效性试验研究［J］. 岩土力学，2018，39（4）：1191－1196.

［9］ 车悦. 高庙子膨润土压实样抗拉强度及其预测［D］. 上海：上海大学，2020.

［10］ ADRIAN R J. Particle－imaging techniques for experimental fluid mechanics［J］. Annual Review of Fluid Mechanics，1991，23（1）：261－304.

［11］ WHITE D J，TAKE W A，BOLTON M D. Soil deformation measurement using particle image velocimetry（PIV）and photogrammetry［J］. Géotechnique，2003，53（7）：619－631.

［12］ IDINGER G，AKLIK P，WU W，et al. Centrifuge model test on the face stability of shallow tunnel［J］. Acta Geotechnica，2011，6（2）：105－117.

［13］ TOVAR－VALENCIA R D，GALVIS－CASTRO A，SALGADO R，et al. Effect of surface roughness on the shaft resistance of displacement model piles in sand［J］. Journal of Geotechnical and Geoenvironmental Engineering，2018，144（3）.

［14］ 芮瑞，万亿，陈成，等. 加筋对桩承式路堤变形模式与土拱效应影响试验［J］. 中国公路学报，2020，33（1）：41－50.

［15］ HOSSAIN M S，FOURIE A. Stability of a strip foundation on a sand embankment over mine tailings［J］. Géotechnique，2013，63（8）：641－650.

［16］ MANA D S K，GOURVENCE S M，RANDOLPH M F，et al. Failure mechanisms of skirted foundations in uplift and compression [J]. International Journal of Physical Modelling in Geotechnics, 2012, 12 (2): 47 – 62.

[17] MOGHADAM M J, ZAD A, MEHRANNIA N, et al. Experimental evaluation of mechanically stabilized earth walls with recycled crumb rubbers [J]. Journal of Rock Mechanics and Geotechnical Engineering, 2018, 10 (5): 947 – 957.

[18] KHOSRAVI M H, PIPATPONGSA T, TAKEMURA J. Experimental analysis of earth pressure against rigid retaining walls under translation mode [J]. Géotechnique, 2013, 63 (12): 1020 – 1028.

[19] 芮瑞, 何清, 陈成, 等. 盾构穿越临近地下挡土结构土压力及沉降影响模型试验 [J]. 岩土工程学报, 2020, 42 (5): 864 – 872.

[20] 芮瑞, 叶雨秋, 陈成, 等. 考虑墙壁摩擦影响的挡土墙主动土压力非线性分布研究 [J]. 岩土力学, 2019, 40 (5): 1797 – 1804.

[21] LIU J Y, LIU M L, ZHU Z D. Sand deformation around an uplift plate anchor [J]. Journal of Geotechnical and Geoenvironmental Engineering, 2012, 138 (6): 728 – 737.

[22] 倪钰菲, 乔仲发, 朱泳, 等. 基于粒子图像测速的锚板抗拔破坏机理试验研究 [J]. 土木与环境工程学报 (中英文), 2020, 42 (1): 24 – 30.

[23] LIU J, HU H, YU L. Experimental study on the pull – out performance of strip plate anchors in sand [C] //The proceedings of the twenty – third international offshore and polar engineering conference. Anchorage: International Society of offshore and Polar Engineers, 2013: 616 – 623.

[24] WU J B, KOURETZIS G, SUWAL L, et al. Shallow and deep failure mechanisms during uplift and lateral dragging of buried pipes in sand [J]. Canadian Geotechnical Journal, 2020, 57 (10): 1472 – 1483.

[25] ANSARI Y, KOURETZIS G, SLOAN S W. Physical modelling of lateral sand – pipe interaction [J]. Géotechnique, 2021, 71 (1): 60 – 75.

[26] 刘明亮, 朱珍德, 刘金元. 基于 PIV 技术的锚板抗拉破坏模式识别 [J]. 河海大学学报 (自然科学版), 2011, 39 (1): 84 – 88.

[27] 钟桂辉, 娄厦, 刘曙光, 等. PIV 测量技术在异重流运动特性实验中的应用 [J]. 实验室科学, 2022, 25 (3): 17 – 20, 24.

[28] 刘兵, 崔骊水, 李小亭, 等. 粒子图像测速技术测量精度影响因素分析 [J]. 计量学报, 2021, 42 (3): 346 – 351.

[29] 黄维, 陶亚坤, 刘清秉, 等. 新疆伊犁谷地重塑黄土抗拉强度试验研究 [J]. 华中科技大学学报 (自然科学版), 2021, 49 (5): 92 – 97.

[30] 黄伟, 项伟, 王菁莪, 等. 基于变形数字图像处理的土体拉伸试验装置的研发与应用 [J]. 岩土力学, 2018, 39 (9): 3486 – 3494.

[31] 刘振亚. 非饱和冻土学特性及微观机理研究 [D]. 北京: 北京交通大学, 2018.

[32] LI H D, TANG C S, CHENG Q, et al. Tensile strength of clayey soil and the strain analysis based on image processing techniques [J]. Engineering Geology, 2019, 253: 137 – 148.

[33] 张俊然, 王俪锦, 姜彤, 等. 基于 PIV 技术的高吸力下压实膨润土径向劈裂试验研究 [J]. 应用基础与工程科学学报, 2021, 29 (3): 691 – 701.

[34] 李昊达，唐朝生，徐其良，等. 土体抗拉强度试验研究方法的进展 [J]. 岩土力学，2016，37（S2）：175-186.

[35] 李燚. 黄土抗拉强度特性及其影响边坡稳定性分析研究 [D]. 西安：西安建筑科技大学，2019.

[36] 吴秋红，赵伏军，李夕兵，等. 径向压缩下圆环砂岩样的力学特性研究 [J]. 岩土力学，2018，39（11）：3969-3975.

[37] 彭守建，陈灿灿，许江，等. 基于巴西劈裂试验的岩石应力-应变曲线荷载速率依存性研究 [J]. 岩石力学与工程学报，2018，37（S1）：3247-3252.

[38] 李荣建，刘军定，郑文，等. 基于结构性黄土抗拉和抗剪特性的双线性强度及其应用 [J]. 岩土工程学报，2013，35（S2）：247-252.

[39] 尤明庆，陈向雷，苏承东. 干燥及饱水岩石圆盘和圆环的巴西劈裂强度 [J]. 岩石力学与工程学报，2011，30（3）：464-472.

[40] CARMONA S. Effect of specimen size and loading conditions on indirect tensile test results [J]. Materiales de Construcción，2009，59（294）：7-18.

[41] 胡峰，李志清，孙凯，等. 冻土石混合体、冰石混合物和冻土在压、拉作用下的破坏特征对比 [J]. 岩石力学与工程学报，2021，40（S1）：2923-2934.

[42] 赵晓婉，吕进，王梅花，等. 微生物及水泥固化砂土的力学特性对比试验研究 [J]. 工业建筑，2020，50（12）：15-18，49.

[43] MALEKZADEH M，BILSEL H. Effect of polypropylene fiber on mechanical behaviour of expansive soils [J]. Electronic Journal of Geotechnical Engineering，2012，17（A）：55-63.

[44] FESTUGATO L，MENGER E，BENEZRA F，et al. Fibre-reinforced cemented soils compressive and tensile strength assessment as a function of filament length [J]. Geotextiles and Geomembranes，2017，45（1）：77-82.

[45] TASRI A. Numerical Calculation of Thermal Stress in Cement Rotary-kiln Foundation at an early age [J]. METAL：Jurnal Sistem Mekanik dan Termal，2021，5（2）：67-71.

[46] 王惠敏，张云，鄢丽芬. 粘性土试样高度对抗拉强度的影响 [J]. 水文地质工程地质，2012，39（1）：68-71.

[47] KIM T H，STURE S. Capillary-induced tensile strength in unsaturated sands [J]. Canadian Geotechnical Journal，2008，45（5）：726-737.

[48] 蔡国庆，车睿杰，孔小昂，等. 非饱和砂土抗拉强度的试验研究 [J]. 水利学报，2017，48（5）：623-630.

[49] TANG G X，GRAHAM J. A method for testing tensile strength in unsaturated soils [J]. Geotechnical Testing Journal，2000，23（3）：377-382.

[50] TOWNER G D. The mechanics of cracking of drying clay [J]. Journal of Agricultural Engineering Research，1987，36（2）：115-124.

[51] ZIEGLER S，LESHCHINSKY D，LING H I，et al. Effect of short polymeric fibers on crack development in clays [J]. Soils and Foundations，1998，38（1）：247-253.

[52] KIM T H，HWANG C. Modeling of tensile strength on moist granular earth material at low water content [J]. Engineering Geology，2003，69（3/4）：233-244.

[53] KIM T H，STURE S，YUN J M. Investigation of moisture effect on tensile strength in granular soil [M]//Engineering，Construction，and Operations in Challenging Envi-

ronments：Earth and Space 2004. 2004：57 – 64.

[54] TRABELSI H，JAMEI M，GUIRAS H，et al. Some investigations about the tensile strength and the desiccation process of unsaturated clay ［C］//Proceedings of 14th International Conference on Experimental Mechanics. New York，2007.

[55] NAHLAWI H，CHAKRABARTI S，KODIKARA J. A direct tensile strength testing method for unsaturated geomaterials ［J］. Geotechnical Testing Journal，2004，27（4）：356 – 361.

[56] 吕海波，曾召田，葛若东，等. 胀缩性土抗拉强度试验研究 ［J］. 岩土力学，2013，34（3）：615 – 620，638.

[57] 朱俊高，梁彬，陈秀鸣，等. 击实土单轴抗拉强度试验研究 ［J］. 河海大学学报（自然科学版），2007，35（2）：186 – 190.

[58] LU N，WU B L，TAN C P. Tensile strength characteristics of unsaturated sands ［J］. Journal of Geotechnical and Geoenvironmental Engineering，2007，133（2）：144 – 154.

[59] TANG C S，WANG D Y，CUI Y J，et al. Tensile strength of fiber – reinforced soil ［J］. Journal of Materials in Civil Engineering，2016，28（7）：1 – 13.

[60] IBARRA S Y，MCKYES E，BROUGHTON R S. Measurement of tensile strength of unsaturated sandy loam soil ［J］. Soil and Tillage Research，2005，81（1）：15 – 23.

[61] AKAGAWA S，NISHISATO K. Tensile strength of frozen soil in the temperature range of the frozen fringe ［J］. Cold Regions Ccience and Technology，2009，57（1）：13 – 22.

[62] TAMRAKAR S B，TOYOSAWA Y，MITACHI T，et al. Tensile strength of compacted and saturated soils using newly developed tensile strength measuring apparatus ［J］. Soils and Foundations，2005，45（6）：103 – 110.

[63] 徐张建，林在贯，张茂省. 中国黄土与黄土滑坡 ［J］. 岩石力学与工程学报，2007，26（7）：1297 – 1312.

[64] 谢定义. 试论我国黄土力学研究中的若干新趋向 ［J］. 岩土工程学报，2001，23（1）：3 – 13.

[65] WANG Y Q，SHAO M A，SHAO H B. A preliminary investigation of the dynamic characteristics of dried soil layers on the Loess Plateau of China ［J］. Journal of Hydrology，2010，381（1/2）：9 – 17.

[66] 刘东生，安芷生，袁宝印. 中国的黄土与风尘堆积 ［J］. 第四纪研究，1985，6（1）：113 – 125.

[67] 高国瑞. 中国黄土的微结构 ［J］. 科学通报，1980，25（20）：945 – 948.

[68] 王慧妮，倪万魁. 基于计算机 X 射线断层术与扫描电镜图像的黄土微结构定量分析 ［J］. 岩土力学，2012，33（1）：243 – 247，254.

[69] 谷天峰，王家鼎，郭乐，等. 基于图像处理的 Q_3 黄土的微观结构变化研究 ［J］. 岩石力学与工程学报，2011，30（S1）：3185 – 3192.

[70] 雷祥义. 中国黄土的孔隙类型与湿陷性 ［J］. 中国科学（B 辑），1987（12）：1309 – 1318.

[71] 王永焱，林在贯. 中国黄土的结构特征及物理力学性质 ［M］. 北京：科学出版社，1990.

[72] 胡瑞林，官国琳，李向全，等. 黄土湿陷性的微结构效应 [J]. 工程地质学报，1999，7 (2)：161 - 167.

[73] 王兰民，孙军杰. 特殊土动力学的发展战略与展望 [J]. 西北地震学报，2007，29 (1)：88 - 93.

[74] 田堪良. 黄土的结构性及其动力特性研究 [D]. 咸阳：西北农林科技大学，2003.

[75] 骆亚生. 非饱和黄土在动、静复杂应力条件下的结构变化特性及结构性本构关系研究 [J]. 岩石力学与工程学报，2004，23 (11)：1959.

[76] 党进谦，李靖. 含水量对非饱和黄土强度的影响 [J]. 西北农业大学学报，1996，24 (1)：57 - 60.

[77] 陈正汉. 重塑非饱和黄土的变形、强度、屈服和水量变化特性 [J]. 岩土工程学报，1999，21 (1)：82 - 90.

[78] 王铁行，卢靖，岳彩坤. 考虑温度和密度影响的非饱和黄土土-水特征曲线研究 [J]. 岩土力学，2008，29 (1)：1 - 5.

[79] HØEG K，DYVIK R，SANDBAEKKEN G. Strength of undisturbed versus reconstituted silt and silty sand specimens [J]. Journal of Geotechnical and Geoenvironmental Engineering，2000，126 (7)：606 - 617.

[80] SALGADO R，BANDINI P，KARIM A. Shear strength and stiffness of silty sand [J]. Journal of Geotechnical and Geoenvironmental Engineering，2000，126 (5)：451 - 462.

[81] SHAPIRO S，YAMAMURO J A. Effects of silt on three - dimensional stress - strain behavior of loose sand [J]. Journal of Geotechnical and Geoenvironmental Engineering，2003，129 (1)：1 - 11.

[82] YAMAMURO J A，LADE P V. Steady - State Concepts and Static Liquefaction of Silty Sands [J]. Journal of Geotechnical and Geoenvironmental Engineering，1998，124 (9)：868 - 877.

[83] 潘振华. 粉砂土路基工程特性及其整治 [J]. 铁道标准设计，2002 (7)：51 - 53.

[84] 商庆森，刘树堂，姚占勇，等. 二灰稳定黄河冲（淤）积粉土的研究 [J]. 公路交通科技，1998，15 (4)：8 - 11.

[85] 苗宝珠，郭大进，胡力群，等. 高速公路水泥稳定粉土底基层研究 [J]. 公路交通科技，2003，20 (Z1)：174 - 177.

[86] 商庆森，姚占勇. 提高石灰稳定粉土的强度及抗冻性的研究 [J]. 山东工业大学学报，1997，27 (1)：8 - 15.

[87] 姚占勇，刘树堂，商庆森. 生石灰粉稳定黄河冲（淤）积粉土的可行性探讨 [J]. 山东工业大学学报，1999，29 (1)：77 - 80.

[88] 曹右生. 粉土承载力评价探讨 [J]. 勘察科学技术，1995 (2)：21 - 26.

[89] 孟毅. 潍坊市区低塑性粉土标贯击数与承载力标准值回归关系探讨 [J]. 西部探矿工程，1997，9 (5)：33.

[90] 袁灿勤，韩爱民，严三保. 南京城区漫滩相浅层粉土的承载力 [J]. 南京建筑工程学院学报，1999 (2)：34 - 38.

[91] 杨鸿钧. 用孔隙比修正评价粉土的容许承载力和密实度 [J]. 港工技术，2003 (3)：54 - 55.

[92] 曹婧. 浅谈高速公路粉质土路基填筑施工质量控制 [J]. 内蒙古科技与经济，2004 (3)：49 - 50.

128

[93] 申爱琴，郑南翔，苏毅，等. 含砂低液限粉土填筑路基压实机理及施工技术研究 [J]. 中国公路学报，2000，13（4）：12-15.

[94] 王维桥，商庆森，王川，等. 黄河冲积粉砂土的可塑性与压实控制标准分析 [J]. 山东大学学报（工学版），2003，33（5）：589-592.

[95] 吴德纯. 燕郊地区粉土的工程特性 [J]. 岩土工程界，2001，4（10）：32-33.

[96] 牛琪瑛，裘以惠，史美筠. 粉土抗液化特性的试验研究 [J]. 太原工业大学学报，1996，27（3）：5-8.

[97] GUO T Q, PRAKASH S. Liquefaction of Silts and Silt-Clay Mixtures [J]. Journal of Geotechnical and Geoenvironmental Engineering, 1999, 125 (8): 706-710.

[98] 杨庆，张慧珍，栾茂田. 非饱和膨胀土抗剪强度的试验研究 [J]. 岩石力学与工程学报，2004，23（3）：420-425.

[99] 詹良通，吴宏伟. 非饱和膨胀土变形和强度特性的三轴试验研究 [J]. 岩土工程学报，2006，28（2）：196-201.

[100] 李献民，王永和，杨果林，等. 击实膨胀土工程变形特征的试验研究 [J]. 岩土力学，2003，24（5）：826-830.

[101] 杨和平，张锐，郑健龙. 有荷条件下膨胀土的干湿循环胀缩变形及强度变化规律 [J]. 岩土工程学报，2006，28（11）：1936-1941.

[102] 韩小虎. 考虑卸载作用的膨胀土边坡稳定分析 [D]. 合肥：合肥工业大学，2012.

[103] 谢琨. 成都市某膨胀土深基坑支护设计研究 [D]. 成都：成都理工大学，2014.

[104] 谢云，陈正汉，李刚，等. 南阳膨胀土三向膨胀力规律研究 [J]. 后勤工程学院学报，2006，22（1）：11-14，23.

[105] 谢云，陈正汉，孙树国，等. 重塑膨胀土的三向膨胀力试验研究 [J]. 岩土力学，2007，28（8）：1636-1642.

[106] 丁振洲，李利晟，郑颖人. 膨胀土增湿变形规律及计算公式 [J]. 工程勘察，2006（7）：13-16，34.

[107] 丁振洲，郑颖人，李利晟. 膨胀力变化规律试验研究 [J]. 岩土力学，2007，28（7）：1328-1332.

[108] 周小生. 双向循环荷载作用下膨胀土的动力特性与路基响应特征研究 [D]. 北京：中国科学院研究生院，2010.

[109] 谭晓慧，辛志宇，沈梦芬，等. 湿胀条件下合肥膨胀土土-水特征研究 [J]. 岩土力学，2014，35（12）：3352-3360，3369.

[110] 杨长青，董东，谭波，等. 重塑膨胀土三向膨胀变形试验研究 [J]. 工程地质学报，2014（2）：188-195.

[111] 高游，孙德安，吕海波. 弱膨胀土浸水变形特性及其预测 [J]. 岩土力学. 2015，36（3）：755-761.

[112] CHEN F H. Foundations on expansive soil [M]. New York: Elsevier Science Publisher BV, 1988.

[113] 廖世文. 膨胀土与铁路工程 [M]. 北京：中国铁道出版社，1984.

[114] 刘特洪. 工程建设中的膨胀土问题 [M]. 北京：中国建筑工业出版社，1997.

[115] 李雄威，孔令伟，郭爱国. 气候影响下膨胀土工程性质的原位响应特征试验研究 [J]. 岩土力学，2009，30（7）：2069-2074.

[116] 李志清，胡瑞林，王立朝，等．非饱和膨胀土 SWCC 研究 [J]．岩土力学，2006，27 (5)：730-734.

[117] 叶为民，张亚为，梅正君，等．汉十高速公路弱膨胀土非饱和渗透性试验研究 [J]．岩石力学与工程学报，2010，29 (S2)：3967-3971.

[118] 姚海林，郑少河，李文斌，等．降雨入渗对非饱和膨胀土边坡稳定性影响的参数研究 [J]．岩石力学与工程学报，2002，21 (7)：1034-1039.

[119] 周葆春，孔令伟，郭爱国．荆门弱膨胀土的胀缩与渗透特性试验研究 [J]．岩土力学，2011 (S2)：424-429，436.

[120] 张锐，郑健龙，杨和平．宁明膨胀土渗透特性试验研究 [J]．桂林工学院学报，2008，28 (1)：48-53.

[121] 崔颖，缪林昌．非饱和压实膨胀土渗透特性的试验研究 [J]．岩土力学，2011，32 (7)：2007-2012.

[122] 戴张俊，陈善雄，罗红明，等．非饱和膨胀土/岩持水与渗透特性试验研究 [J]．岩土力学，2013，34 (S1)：134-141.

[123] 袁俊平，丁巍，蔺彦玲，等．浸水历时对裂隙膨胀土渗透性的影响 [J]．水利与建筑工程学报．2014 (1)：83-86.

[124] 黎伟，刘观仕，姚婷．膨胀土裂隙图像处理及特征提取方法的改进 [J]．岩土力学，2014，35 (12)：3619-3626.

[125] 廖济川，陶太江．膨胀土的工程特性对开挖边坡稳定性的影响 [J]．工程勘察．1994 (4)：18-22，67.

[126] 易顺民，黎志恒，张延中．膨胀土裂隙结构的分形特征及其意义 [J]．岩土工程学报，1999，21 (3)：294-298.

[127] 杨和平，刘艳强，李晗峰．干湿循环条件下碾压膨胀土的裂隙发展规律 [J]．交通科学与工程，2012，28 (1)：1-5.

[128] 袁俊平，殷宗泽．考虑裂隙非饱和膨胀土边坡入渗模型与数值模拟 [J]．岩土力学，2004，25 (10)：1581-1586.

[129] 马佳，陈善雄，余飞，等．裂土裂隙演化过程试验研究 [J]．岩土力学，2007，28 (10)：2203-2208.

[130] 殷宗泽，袁俊平，韦杰，等．论裂隙对膨胀土边坡稳定的影响 [J]．岩土工程学报，2012，34 (12)：2155-2161.

[131] 殷宗泽，徐彬．反映裂隙影响的膨胀土边坡稳定性分析 [J]．岩土工程学报，2011，33 (3)：454-459.

[132] 赵金刚．降雨—蒸发循环作用下膨胀土填方边坡稳定性及机理研究 [D]．西安：西北大学，2013.

[133] 谭波，郑健龙，张锐．基于室内试验与数值模拟的膨胀土裂隙对强度影响规律研究 [J]．应用力学学报，2014 (3)：463-467.

[134] 黎伟，刘观仕，汪为巍，等．湿干循环下压实膨胀土裂隙扩展规律研究 [J]．岩土工程学报，2014 (7)：1302-1308.

[135] 韦秉旭，黄震，高兵．压实膨胀土表面裂隙发育规律及与强度关系研究 [J]．水文地质工程地质，2015，42 (1)：100-105.

[136] 韦秉旭，刘斌，刘雄．膨胀土裂隙定量化基本指标研究 [J]．水文地质工程地质，

2015, 42 (5): 84 - 89.

[137] 陈宝, 钱丽鑫, 叶为民, 等. 高庙子膨润土的土水特征曲线 [J]. 岩石力学与工程学报, 2006, 25 (4): 788 - 793.

[138] 郁陈. 非饱和高庙子膨润土的体变特征及其微观机理 [D]. 上海: 同济大学, 2006.

[139] 钱丽鑫. 用于高放废物深地质处置库缓冲材料的高庙子膨润土研究 [D]. 上海: 同济大学, 2007.

[140] 秦冰, 陈正汉, 刘月妙, 等. 高庙子膨润土的胀缩变形特性及其影响因素研究 [J]. 岩土工程学报, 2008, 30 (7): 1005 - 1010.

[141] SUN D A, ZHANG J Y, ZHANG J R, et al. Swelling characteristics of GMZ bentonite and its mixtures with sand [J]. Applied Clay Science, 2013, 83/84: 224 - 230.

[142] 孙文静, 孙德安, 方雷. 饱和高庙子钙基膨润土的变形特性和渗透特性 [C] //中国环境科学学会. 第四届废物地下处置学术研讨会论文集. 北京: 中国原子能出版社, 2012: 191 - 196.

[143] 刘泉声, 王志俭. 砂-膨润土混合物膨胀力影响因素的研究 [J]. 岩石力学与工程学报, 2002, 21 (7): 1054 - 1058.

[144] 徐永福, 孙德安, 董平. 膨润土及其与砂混合物的膨胀试验 [J]. 岩石力学与工程学报, 2003, 22 (3): 451 - 455.

[145] 田永铭, 吴柏林, 郭明峰. 碎石-膨润土混合物之压实行为 [J]. 岩土工程学报, 2006, 28 (7): 829 - 834.

[146] 李培勇. 非饱和土的理论探讨及膨润土加砂混合物的试验研究 [D]. 大连: 大连理工大学, 2007.

[147] GARDNER W R. Some steady - state solutions of the unsaturated moisture flow equation with application to evaporation from a water table [J]. Soil Science, 1958, 85 (4): 228 - 232.

[148] BROOKS R H, COREY A T. Hydraulic properties of porous media [EB/OL]. Fort Collin: Colorado State University, CSU Departments and School, Hydrology Papers, 1964, URL: http://holl.handle.net/10217/61288.

[149] VAN GENUCHTEN M T. A closed - form equation for predicting the hydraulic conductivity of unsaturated soils [J]. Soil Science Society of America Journal, 1980, 44 (5): 892 - 898.

[150] FREDLUND D G, XING A Q. Equations for the soil - water characteristic curve [J]. Canadian Geotechnical Journal, 1994, 31 (4): 521 - 532.

[151] FENG M, FREDLUND D G. Hysteretic influence associated with thermal conductivity sensor measurements [C] //Proceedings from Theory to the Practice of Unsaturated Soil Mechanics in Association with the 52nd Canadian Geotechnical Conference and the Unsaturated Soil Group, Regina, Sask. 1999, 14 (2): 14 - 20.

[152] 刘艳. 非饱和土的广义有效应力原理及其本构模型研究 [D]. 北京: 北京交通大学, 2010.

[153] NITAO J J, BEAR J. Potentials and their role in transport in porous media [J]. Water Resources Research, 1996, 32 (2): 225 - 250.

[154] FREDLUND D G. The implementation of unsaturated soil mechanics into geotechnical engineering, The RM Hardy address [J]. Can Geotech J, 2000, 37 (5): 963 - 986.

[155] BISHOP A W, BLIGHT G E. Some aspects of effective stress in saturated and partly saturated soils [J]. Geotechnique, 1963, 13 (3): 177 - 197.

[156] FREDLUND D G, MORGENSTERN N R, Widger R A. The shear strength of unsaturated soils [J]. Canadian Geotechnical Journal, 1978, 15 (3): 313 - 321.

[157] WHEELER S J, SHARMA R S, BUISSON M S R. Coupling of hydraulic hysteresis and stress - strain behaviour in unsaturated soils [J]. Géotechnique, 2003, 53 (1): 41 - 54.

[158] SUN D A, SHENG D C, SLOAN S W. Elastoplastic modelling of hydraulic and stress - strain behaviour of unsaturated soils [J]. Mechanics of Materials, 2007, 39 (3): 212 - 221.

[159] SUN D A, SHENG D C, XIANG L, et al. Elastoplastic prediction of hydro - mechanical behaviour of unsaturated soils under undrained conditions [J]. Computers and Geotechnics, 2008, 35 (6): 845 - 852.

[160] SHENG D C, ZHOU A N. Coupling hydraulic with mechanical models for unsaturated soils [J]. Canadian Geotechnical Journal, 2011, 48 (5): 826 - 840.

[161] ZHOU A N, SHENG D, SLOAN S W, et al. Interpretation of unsaturated soil behaviour in the stress - saturation space: I: Volume change and water retention behaviour [J]. Computers and Geotechnics, 2012, 43: 178 - 187.

[162] ZHOU A N, SHENG D C, SLOAN S W, et al. Interpretation of unsaturated soil behaviour in the stress - saturation space: II: Constitutive relationships and validations [J]. Computers and Geotechnics, 2012, 43: 111 - 123.

[163] SNYDER V A, MILLER R D. Tensile strength of unsaturated soils [J]. Soil Science Society of America Journal, 1985, 49 (1): 58 - 65.

[164] YIN P H, VANAPALLI S K. Model for predicting tensile strength of unsaturated cohesionless soils [J]. Canadian Geotechnical Journal, 2018, 55 (9): 1313 - 1333.

[165] FREDLUND D G, XING A Q, FREDLLIND M D, et al. The relationship of the unsaturated soil shear strength to the soil - water characteristic curve [J]. Canadian Geotechnical Journal, 1996, 33 (3): 440 - 448.

[166] FRYDMAN, S. Applicability of the Brazilian (indirect tension) test to soils [J]. Australian Journal of Applied Science, 1964, 15 (4): 335 - 343.

[167] 田堪良, 王沛, 张慧莉. 黄土结构性分析及新认识 [J]. 人民黄河, 2012, 34 (4): 145 - 148.

[168] DELAGE P, LEFEBVRE G. Study of the structure of a sensitive Champlain clay and of its evolution during consolidation [J]. Canadian Geotechnical Journal, 1984, 21 (1): 21 - 35.

[169] DELAGE P, AUDIGUIER M, CUI Y J, et al. Microstructure of a compacted silt [J]. Canadian Geotechnical Journal, 1996, 33 (1): 150 - 158.

[170] SIMMS P H, YANFUL E K. Measurement and estimation of pore shrinkage and pore distribution in a clayey till during soil - water characteristic curve tests [J]. Canadian Geotechnical Journal, 2001, 38 (4): 741 - 754.

[171] WANG Q, TANG A M, CUI Y J, et al. The effects of technological voids on the hydro - mechanical behaviour of compacted bentonite - sand mixture [J]. Soils and

Foundations，2013，53（2）：232－245.

[172] 罗浩，伍法权，王定伟，等. 赵家岸滑坡地区马兰黄土物理力学特性试验研究 [J].
工程地质学报，2015，23（1）：44－51.

[173] 孙德安，汪健，何家浩，等. 原状扬州黏性土压缩特性与孔径分布 [J]. 水文地质工
程地质，2020，47（1）：111－116.

[174] 崔素丽，黄森，韩琳，等. 水泥窑灰改性黄土的湿陷性和强度特性研究 [J]. 水文地
质工程地质，2018，45（4）：73－78.

[175] 宋焱勋，李荣建，刘军定，等. 结构性黄土的双曲线强度公式及其破坏应力修正
[J]. 岩土力学，2014，35（6）：1534－1540.

[176] 扈胜霞，周云东，陈正汉. 非饱和原状黄土强度特性的试验研究 [J]. 岩土力学，
2005，26（4）：660－663，672.

[177] 骆晗，李荣建，刘军定，等. 基于联合强度的黄土主动土压力公式与计算比较 [J].
岩土力学，2017，38（7）：2080－2086，2112.

[178] 陈波，孙德安，高游，等. 上海软黏土的孔径分布试验研究 [J]. 岩土力学，2017，
38（9）：2523－2530.

[179] KODIKARA J，BARBOUR S L，FREDLUND D G. Changes in clay structure and be-
haviour due to wetting and drying [C] //Proceedings of 8th Australia New Zealand
Conference on Geomechanics，Hobart，1999：179－185.

[180] AKIN I D，LIKOS W J. Brazilian Tensile Strength Testing of Compacted Clay [J].
Geotechnical Testing Journal，2017，40（4）：608－617.

[181] 成玉祥，曹宝宝，张大伟. 裂隙密度对黄土抗剪强度影响的试验研究 [J]. 科学技术
与工程，2019，19（28）：284－289.

[182] 中华人民共和国水利部. 土工试验方法标准：GB/T 50123—2019 [S]. 北京：中国
计划出版社，2019.

[183] 张兰慧，王世梅，江明，等. 含砂黏性土抗拉强度影响因素的试验分析 [J]. 长江科
学院院报，2020，37（3）：118－124.

[184] 齐笛. 延安地区黄土-基岩接触面滑坡滑带土的物理力学特征及微观结构变化机理研
究 [D]. 西安：长安大学，2016.

[185] 朱安龙. 黏性土抗拉强度试验研究及数值模拟 [D]. 成都：四川大学，2005.

[186] 周乔勇，熊保林，杨广庆，等. 低液限粉土微观结构试验研究 [J]. 岩土工程学报，
2013（S2）：439－444.

[187] 孔令伟，陈正汉. 特殊土与边坡技术发展综述 [J]. 土木工程学报，2012，45（5）：
141－161.

[188] CHEN F H. Foundations on expansive soils [M]. New York：Elsevier Scientific Pub-
lishing Company，1988.

[189] NELSON J D，MILLER D J. Expansive soils：problems and practice in foundation and
pavement engineering [M]. New York：John Wiley & Sons，ins.，1992.

[190] DAY R W. Swell－shrink behavior of compacted clay [J]. Journal of Geotechnical En-
gineering，1994，120（3）：618－623.

[191] ZHANG J R，NIU G，LI X C，et al. Hydro－mechanical behaviour of expansive soils
with different dry densities over a wide suction range [J]. Acta Geotechnica，2020，

15: 265 - 278.

[192] LEONG E C, HE L, RAHARDJO H. Factors affecting the filter paper method for total and matric suction measurements [J]. Geotechnical Testing Journal, 2002, 25 (3): 322 - 333.

[193] STIRLING R A, HUGHES P, DAVIE C T, et al. Tensile behaviour of unsaturated compacted clay soils—A direct assessment method [J]. Applied Clay Science, 2015, 112/113: 123 - 133.

[194] TRABELSI H, ROMERO E, JAMEI M. Tensile strength during drying of remoulded and compacted clay: the role of fabric and water retention [J]. Applied Clay Science, 2018, 162: 57 - 68.

[195] ZHOU A N, HUANG R Q, SHENG D C. Capillary water retention curve and shear strength of unsaturated soils [J]. Canadian Geotechnical Journal, 2016, 53 (6): 974 - 987.

[196] ZHANG J R, SUN D A, ZHOU A N. Hydromechanical behaviour of expansive soils with different suctions and suction histories [J]. Canadian Geotechnical Journal, 2016, 53 (1): 1 - 13.

[197] TANG C S, PEI X J, WANG D Y, et al. Tensile strength of compacted clayey soil [J]. Journal of Geotechnical and Geoenvironmental Engineering, 2015, 141 (4): 1 - 8.

[198] ALONSO E E, PEREIRA J M, VAUNAT J, et al. A microstructurally based effective stress for unsaturated soils [J]. Géotechnique, 2010, 60 (12): 913 - 925.

[199] GENS A, ALONSO E E. A framework for the behaviour of unsaturated expansive clays [J]. Canadian Geotechnical Journal, 1992, 29 (6): 1013 - 1032.

[200] 刘奉银, 张昭, 周冬, 等. 密度和干湿循环对黄土土-水特征曲线的影响 [J]. 岩土力学, 2011 (S2): 132 - 136, 142.

[201] WHEELER S J, SHARMA R S, BUISSON M S R. Coupling of hydraulic hysteresis and stress - strain behaviour in unsaturated soils [J]. Géotechnique, 2003, 53 (1): 41 - 54.

[202] HOULSBY G T. The work input to an unsaturated granular material [J]. Géotechnique, 1997, 47 (1): 193 - 196.

[203] LEE M Y, FOSSUM A F, COSTIN L S, et al. Frozen soil material testing and constitutive modeling [R] //Sandia National Lab. (SNL - NM), Albuquerque, NM (United States); Sandia National Lab. (SNL - CA), Livermore, CA (United States). United States: 2002.

[204] FRYDMAN S. Applicability of the Brazilian (indirect tension) test to soils [J]. Australian Journal of Applied Science, 1964, 15 (4): 335 - 343.

[205] LU N, KIM T H, STURE S, et al. Tensile strength of unsaturated sand [J]. Journal of Engineering Mechanics, 2009, 135 (12): 1410 - 1419.

[206] VARSEI M, MILLER G A, HASSANIKHAH A. Novel approach to measuring tensile strength of compacted clayey soil during desiccation [J]. International Journal of Geomechanics, 2016, 16 (6): D4016011.

[207] ALONSO E E, PEREIRA J M, VAUNAT J, et al. A microstructurally based effective stress for unsaturated soils [J]. Géotechnique, 2010, 60 (12): 913 - 925.

[208] NG C W W，BAGHBANREZVAN S，SADEGHI H，et al. Effect of specimen preparation techniques on dynamic properties of unsaturated fine - grained soil at high suctions [J]. Canadian Geotechnical Journal，2017，54（9）：1310 - 1319.

[209] 徐筱，赵成刚. 高吸力下黏性土的抗剪强度和体变特性 [J]. 岩土力学，2018，39（5）：1598 - 1610.

[210] 徐筱. 高吸力及低应力下非饱和土的强度和变形特性 [D]. 北京：北京交通大学，2019.

[211] ROMERO E，DELLA VECCHIA G，JOMMI C. An insight into the water retention properties of compacted clayey soils [J]. Géotechnique，2011，61（4）：313 - 328.

[212] TOLL D G. The influence of fabric on the shear behaviour of unsaturated compacted soils [C] //Geotechnical Measurements：Lab and Field. Denver：[s. n.]，2000：222 - 234.